ドラマとしての住民運動

社会学者がみた栗東産廃処分場問題

Hayakawa Hiroyuki
早川洋行

社会評論社

ドラマとしての住民運動＊目次

序章　有機的連帯をこえて

1――ＲＤ問題と私

筆者の家は、琵琶湖の南東、滋賀県栗東市小野にある。この地は、かつては小野村と称した。地名の由来は、その昔に遣隋使として有名な小野妹子の一族が開拓したからだとも言われている。旧小野村は、今では四つの行政区に分かれていて、旧村の一地区は、旧東海道に沿って建ち並ぶ古い家々であり農家もそこそこあるが、そのほかの三地区はだいたいがサラリーマンが住む新興住宅地である。私はそれら住宅地のうち最大の「栗東ニューハイツ」に住んでいる。この住宅地は一九七〇年に入居が始まり、二〇〇六年現在四三〇戸を有する栗東市でも有数の大規模行政区（第一種低層住宅専用地域）になっている。

この地に産廃処分場問題が持ち上がったのは、一九九九年の夏のことであった。産廃処分場問題と言っても、よくあるように新たに処分場が作られる、という話ではない。すでにある処分場に新しい焼却炉ができる、という話であった。しかし、住民にとって、ことは同じであった。というのは、この問題が持ち上がるまで、そこに産廃処分場があることを知らなかった人がほとんどだったからである。お恥ずかしい話だが、私もその一人であった。

処分場は、住宅地の外れから五〇〇メートルほどのところにあるが、小高い山の谷間に作られていた上に、廃棄物処理法で義務づけられている看板もなかった。私も散歩で近くに行ったことがあったが、その時は採石場か建設残土置き場ぐらいに思っていた。

じつはこの処分場では、一九八二年から埋め立て処分が、一九八六年から焼却処理が行われていた。つまり、住宅地が出来た後に処分場の操業が始まったのである。この業者は、この処分場からもっとも離れた旧村地区（後に述べるG集落）の区長（自治会長）から同意書を取り付けて、そっと処分場を開設していたのである。

後で分かった話だが、この企業の社長は市長の甥、助役の息子が専務を務めており、経営陣は市長の姻戚関係で占められている。また、旧村に住む市長が処分場の三分の一の土地を所有していた。もちろん地元の財界や政治家とのつながりも深い。

新たに建設されつつあった焼却炉が「ガス化溶融炉」という、日本ではあまり運転実績がなく、様々な問題が指摘されている新型炉だったこともあった。しかし、何より住民は、自分たちの知らないところで、このような処分場が運営されていたことに驚き、関心は一気に高まった。そして、たちまちのうちに、この会社が様々な法律違反を行っていることや埋め立て処分されたものの中に有害なものが含まれている可能性が極めて高いことが、明らかになっていった。

一〇月に行われた問題企業と焼却炉メーカーによる地元自治会館での説明会は、百数十名を超える住民が参集し、その激しい怒りが爆発する場と化した。

地域社会学に関心を持つ者として、このような絶好の機会を見逃す手はない。私も、そこで起きることの一部始終を観察しようと参加したのであった。ところが、事態は予想しなかった展開をすることになる。

説明会での住民の意見は、今まさに建てられつつある新型炉のことよりも、これまでのこの企業の経営姿勢と埋め立て物の安全性問題に集中した。住民のなかには、法律に詳しい者も化学に詳しい者もいる。昔のこの地域の事情に詳しい者や現在の地元財界や政界の人脈に詳しい者もいる。住民の迫力に圧倒されてメーカー社員が心臓発作を起こしたときには看護婦さんが登場する、という具合で、様々な住民の様々な意見が交錯するこの説明会は、延々と続いた。

説明会は、産廃業者の挨拶に続いて焼却炉メーカーの宣伝ビデオ鑑賞、そしてメーカー社員からの説明を聞くという式次第で進んだが、その後の質問の段階になると、それまで我慢していた声が堰を切ったように溢れ、発言者は跡を絶たなかった。

説明会は、一向に終わる気配を見せない。自治会長は、いいかげんにその場を収めようとしたのだろう、その場に集まった大勢の住民にむかって冷静になるように話した。しかし、言い方が悪かった。住民を焚き付けているのは共産党だ、その扇動にのってはいけない、というような発言だった。この発言が火に油を注ぐ結果になる。多くの住民はさらに怒って、「自治会長は引っ込んでろ」

ということになり、その結果としてその後、話をまとめる人がいなくなってしまった（後にこの自治会長は住民運動組織の有力なメンバーになり活躍する）。

夜七時半から始まった説明会は、日付が変わっても深夜一時を過ぎても終わらない。説明にきた産廃業者と焼却炉メーカーの社員も大変だが、責める住民側にも疲労の色が見えてきた。途中で帰る人もいたが、話を聞き付けて途中から参加する人もいた。人数はほとんど減らず、平行線は一向に交わらない。私が持って行ったテープレコーダーも、とうにテープもバッテリーも尽きていた。観察ももはやこれまで、であった。

仕方なく私は、今日の話し合いの内容を覚書《おぼえがき》として残すことを提案し、その調整役を買って出た。ただ静かに見守るつもりであった私としては、これは全く想定外のことであった。その調整にさらに二時間近くかかり、やっと終わったのは午前三時近くになった頃だった。

その後、自治会では臨時総会が開かれ、この問題に対する対策委員会が設置されることになった。私は先述の経緯から、なんと委員長に祭り上げられ、幸か不幸か意図せざる形で、中心メンバーの一人として社会運動の参与観察をする羽目になったのである。

2——社会学者として、住民として

私が住民運動の中核にいて活動するようになった経緯は以上のごとくだが、実はそれには若干の前史がある。

そもそも、処分場にガス化溶融炉が建てられつつあることを知って、最初に運動を起こしたのは、市の環境センターの建て替え問題をめぐって活動してきた住民グループであった。このグループの活動には、地元の有力企業であるＪＲＡ（日本中央競馬会）の労働組合である「全馬労」（全国競馬労働組合）が積極的に支援していて、私も何度か会議に参加させてもらったことがあった。このグループが後に「産廃処理を考える会」という市民運動団体（以下「考える会」）に発展し、後に述べるように周辺の自治会とともに産廃処理問題合同対策委員会（以下「合対」）を組織することになる。

こういう集まりがあるので来ませんか、という連絡があったのは一九九九年の春だったと思う。私は車の免許をもっていないので夜の会議は出にくいのですが、というと、それでは自宅まで迎えに行くという。先に述べたように、地域社会学者、都市社会学者であって、住民運動や市民運動に全く関心がないという者がいたら、それは「もぐり」である。私は、それまで、地域社会学や都市社会学を専門に研究して来たわけではないが、大学院生のころから地域社会学会と日本都市社会学会の会員であったし、そこまで言われては断る理由はなかった。当初は素直に喜んで参加させていただいた。

しかし、会議に数度出席するうち、これはまずいぞ、と思うようになった。私が運動団体に期待していることと運動団体が私に期待していることとが食い違っていることに気づいたからである。私は、あくまで社会学者として運動に参加するつもりであった。

つまり、運動の組織化の仕方について助言したり、他の地域での運動事例について情報提供したり、行政や関連分野の専門家との交渉や「つなぎ」の役割を担うとともに、この運動をひとつの事例研究として対象化するつもりであった。つまり、自ら見聞きしたことを「そのうち書いてやろう」という気持ちも、もちろんあった。ところが、運動団体としては、ビラ配りや周辺住民のオルグのための人手はいくらでも必要であったが、上述のような需要は全くなかったのである。

この点は、後でまた論ずる予定だが、公害や環境問題をめぐる社会紛争において、社会学者の出番はけっして多いとは言えない。このことは、社会学にかぎらず社会科学に枠を広げてみても、あまり変わらないだろう。多くの同様の社会紛争において、法律学者（弁護士）を除いて、経済学者や政治学者もあまり活躍の場があるとはいえない。運動の中で常に求められているのは、実際的な知識であり、自ずとそれは社会科学の知識というよりもむしろ自然科学の知識になる。つまり、必要とされるのは工学や化学、生物学や地学の専門家なのである。行政側にも運動側にも、社会科学者の価値、そのなかでも社会学者の価値は認知されているとは言いにくい。

そういうわけで、この市民グループに対しては、研究者として自分が必要になったときにまた声を掛けてほしい、と伝えて、以後会議への出席はお断りすることにした。

3——住民運動の苦悩

ところが、自分が住んでいる地域社会の自治会から頼まれれば、そうはいかない。私は、社会学者としてそこに住んでいるのではない。当時、自治会内で私の職業を知る人はほとんどいなかったと思う。ただ私は、ひとりの地域住民として、地域社会の危機に際して、日頃お世話になっている人達から頼まれたことに背を向けることができなかった。

こうして、私は住民運動を実践する社会学者になった。

私は、自治会が作った対策委員会の代表だっただけではない。当初組織された「合対」は六つの自治会に属する六八〇世帯と四七〇名を組織する市民運動団体との連合体であったが、その副代表を約一年半の間務めた。そして栗東市が組織した環境調査委員会の委員長を発足以来今に至るまで、務めている。それらの経験の中で、行政との交渉と同じか時にはそれ以上に苦労したのは、自治会と市民運動団体との調整という問題であった。

二種類の団体は明らかに性質が違う。市民運動団体は、闘う意欲を持って集まった人々である。言わば戦闘集団であって、専門的知識と行動力は構成団体の中で卓越している。これに対して自治会は、「会員相互の融和、親睦、福利の増進と青少年の健全な育成」(「栗東ニューハイツ自治会会則」)を目的とする団体であって、仕事の平等な分担という原理をもつ地縁組織である。市民運動団体に比べれば専門的知識も行動力もないが、一般住民の信頼と行政への影響力という点では勝っている。

後に詳論するが、これら二種類の団体が対抗的相補性をもちつつも協同して活動してきた成果は大きかった。しかし、それはたやすく成し遂げられたわけではない。「合対」の会義で市民運動団体から出ている人の威勢のいい発言を聞く一方で、地元の自治会の対策委員会では、どうしたら住民の関心と参加を増やせるのか、頭を悩ませる日々だった。そして、「合対」が分裂し、幾つかの団体が併存するようになった後も、それらの組織間でどのように連帯を実現するかという点は、常に運動の、そして私の課題であり続けた。

私が目指したのは、「生活者としての運動」である。私は、二〇〇一年四月「合対」の副代表をおりるにあたって、皆に「社会運動を行う上で大切にすべきこと」として六つのことを書いて配った。以下の文章である。

(1)生活の全体性へ配慮すること

ドイツには「仕事と家庭と地域社会は、椅子の三本の足である。どれが欠けても安定しない」という諺があるそうです。私はこれは真理だと考えます。いわゆる仕事人間やマイホーム主義者や住民運動家は、生活者として歪んだ姿だと思っています。地域社会に問題が生じ、それがとても重大な問題で、そこでの生活の存続を否定するものであったとしても、もしそのための運動に仕事と家庭を何年も犠牲にしなければならないとしたら、私は、そんなことはしたくはありませんし、他人にも勧めません。また逆にいわゆるフリーライダー（運動成果のただ乗り者）になることも否定します。同様なことは家庭と仕事にも当てはまります。それら三つは困難は伴うでしょうが、所詮、代替可能なものです。何よりも大切なことは人間としての生活の全体性だと思います。

(2)活動にかかわる人間を尊重すること

人間を目的達成の手段のように扱うのには絶対反対です。具体的に述べれば、運動の過程で無理な動員をかけたり、ノルマを課したり、人や組織を時に単なる名目や資金源として扱うことです。運動にかかわる人に対しては、どんな方や団体であっても、敬意を払い、あくまでも自発性を大切にして、活動を支援する態度で臨むべきだと考えます。

(3)レッテル貼りをしないこと

闘争において、いろいろな「敵」を作ることは、問題を単純化させ内部の結束を図るうえで有効でしょう。しかし、それは、同じ地域社会に生きる者同士であるという事実の等閑視の上に成り立つ論理です。偏見を自戒しつつ多様性にはなるべく寛容になって、仲間を増やすべきだと思います。それは、個人に対してばかりでなく行政、議会、企業にもあてはまります。

(4)運動を私物化しないこと

運動は、多くの人と組織によって成り立ちます。そうである以上、民主的な決定には十分に心くばり、独断専行しないようにしなければなりません。上意下達、中央集権的やり方は、もってのほかです。広範な合意のためには妥協が不可欠です。とくにこの合同対策委員会は、自治会と市民運動団体の連合体です。互いの違いを尊重しつつ補い合わなければ、やがて運動は衰退するに違いありません。

(5)広い空間的時間的視野での反省を心掛けること

問題を矮小化せず、より広い時間的・空間的視野でとらえ返すことが必要です。それは、自らの運動それ自体にも当てはまります。一人でも多くの理解者を増やすためには、独善的認識に陥ることなく、真摯な反省的作業によって、起きていることとやっていることの意味付けを行うことが不可欠だと思います。目前の成果の誘惑にまけてセンセーショナリズムに走ることはけっして許されません。

⑹情報を公開すること、

情報の偏在は、権威を生み出し、やがて民主主義の対立物である権威主義に成長します。また、官僚制との戦いが逆に官僚制化を招来し、より強力な官僚制の勝利に終わった事例は数知れません。運動体内部の役割の固定化を排除するために、情報公開は不可欠です。外部からの言論統制を廃し、内部での自由な情報交流と議論の場を保証しなければいけません。

これらは社会学者として学んで来たことを踏まえての、どうしても守って欲しいと考えた事柄であり、今に至るまで、私の変わらぬ運動に対する基本方針である。

社会運動で実はもっとも恐ろしいのは内部が対立し崩壊することのように思う。それは単に組織が分裂するということではなくて、地域社会の人間関係に歪みができたり、しこりが残ったりすることである。そのことに危機感をもっているのは、どちらかと言えば市民運動団体ではなくて地元の自治会の人々であったように思う。

「アールディ（問題企業）に感謝せんといかんなあ。この問題がなかったら、うちら知りおうてへんもんなあ」。これは、地元の人々が度々開いた「懇親会」で誰かが必ず言った言葉である。「ガス化溶融炉ができても、皆んながいればなんとかなるやろ」、そんな声まで聞かれた。そこには、目的合理性を追求する市民運動団体とは明らかに違う雰囲気があった。

この問題が起きて以降、地域社会のネットワークは格段に密度を増した。毎年数回行われる地域一斉清掃（近所の草刈りと溝掃除）や子どもを通じてのつきあいなどで出会うだけだった人の範囲は、自治会全体、そして近隣自治会へ広がった。それは、道を歩いていて挨拶したりされたりすることが格段に増えたことで実感する。

問題の発生は、地域社会を危機に陥らせるが、また鍛えもする。鍛えられた地域社会は、また違った危機に直面したとしてもそれを乗り越えるに違いない。

4――「ぐるぐる」のように

個性的な人々が助け合って暮らす社会、それを有機的連帯の社会という。それは同質な人々が結び付く機械的連帯の社会に比べて、より優れたものだというイメージで語られることが多い。しかし、そうではないのではないか。この言葉の元であるデュルケームの『社会分業論』を読み直してみて最近そう思うようになった。

そのきっかけは、よそ者についてのデュルケームの記述に気づいたことである。デュルケームは、社会的分業が進めば進むほど、要素が互いにかけがいのない存在として結び付き、社会全体の有機体としての密度が高まると考える。したがって、そこに新たによそ者が加わるのは難しくなる。む

しろ未分化な要素で構成される機械的連帯の社会の方が、よそ者を受け入れやすい、と彼は述べている。(1)

有機的連帯の社会は、子ども玩具の「ピクチャーパズル」の世界に似ている。ピクチャーパズルは一つ一つ違う形をしたピースを組み合わせて一個の絵を完成させる玩具である。ピースはそれぞれ違った形をしているので、絵は一つでも欠けると完成しない。

同じように個性的な人々が作り出す社会であっても、これとは違う社会のイメージがある。ジンメルが『社会学の根本問題』で語った社交の世界である。ジンメルは男と女のように互いに違う要素が、ある部分を相手に見せつつまたある部分を相手に隠しつつ相互作用を行う姿を描いている。すなわち、むしろ社交の世界では、皆が幾分かはよそ者でなければならないのである。

ピクチャーパズルとの対比で言えば、ジンメルの社交の世界は「ぐるぐる」という玩具の世界によく似ている。この玩具は、磁石のついた長方形の板の中央に回転軸があり、その回転軸に色や形が違う様々な歯車を付け加えてゆくというものである。個々の要素は歯車の凹凸で結び付く。完成の姿は無数にあり、接続した数の歯車は連動してそれぞれに美しく回る。

今思えば、自治会館に住民の多くが集まり問題企業の社長を糾弾したとき、誰一人として、誰が何を言うのかどころか、誰が来るのかさえ知ってはいなかった。それなのに、住民たちは見事に連携して相手を追い詰めた。まさに「ぐるぐる」のように。

二年目を迎えたとき、「合対」は、自治会から出ているメンバーを大幅に入れ替えた。「我々は退こう。違うやり方があっても良い」。事務局長のI氏と私の一致した見解だった。この判断が正しかったのかどうか、その後起きたことを考えると、正直言って分からない。

しかし、現実の地域社会がそうであるように、住民運動が一枚の絵になってはいけないということは確信している。官僚組織も、考えてみれば有機的連帯の組織である。しかし、それは理想的社会だろうか。

実践は思想に反作用する。この紛争経験は、社会学者としての私を鍛えるものであった。多様な人々が自由に参加して、自らの地域社会を守る、それだからこそ守れる、あの深夜までの集会で教わったことを、実践においても理論においても証明することは、未だ私の課題であり続けている。(2)

（1）E・デュルケム（井伊玄太郎訳）『社会分業論』講談社学術文庫、一九八九年、二五〇頁。
（2）本書では、個人の名前や集落名をなるべくイニシャルや記号で表すことにした。その理由は、個人については、本人に名前を出すことの了解をとっていない、ということ、そして集落に対しては風評被害が起きることは避けたい、ということが第一であるが、また参与観察法を用いた社会学の先行研究に倣ったことと、この事例を読者に普遍的な問題として考えていただきたいという思いからでもある。

第1章　方法

1――研究と実践の狭間で

本章は、本書を貫く方法論の説明である。具体的な事例分析に入る前に、まず、社会学は住民運動をいかに語るべきか、そして社会学者は住民運動といかにかかわるべきか、ということについての筆者の考えを説明しておこうと思う。

このように、まず方法論の説明から始めるのには、何よりも序章で述べたように運動の渦中にいた者が、価値自由に基づく科学的な分析をすることが可能であるか、という当然惹起する読者の疑問に答える必要があると判断したからである。しかし、そればかりではない。さらに二つの理由がある。

その第一は、最近の日本の社会学が、研究者の数の増大とそれに伴う専門分化の傾向が甚だしいことへの危機感である。かつては、しっかり理論を学んでから実証研究をするのが一般的だったが、最近ではそうした下準備を経ない実証研究が増えている。とくに若手の研究にはそういうものが多い。

かつてマンハイムが述べたように、社会学者に限らず、研究者は一定の存在拘束性をもっている。マンハイムは、存在拘束性は認識の限界であると同時に、ある立場に立つことによってしか分からないこともあるとして、その積極的意味をも認めた。

またフランスの社会学者ブルデューも、社会学者が社会をみるとき、否応無くその価値はまなざしに影響し、目の向こうにある対象を色づける。こうした事実、社会学はそれ自体で実践であること、そして社会学者は自らの研究のイデオロギー性について自覚的でなければならない、ということを、実証主義を批判する文脈のなかで、あらためて主張している。

こうした方法論にたいする反省性は、今日、日本の社会学者が実証的な研究を行う上で、とくに必要不可欠なもののように思う。その重要性を本書を通じても喚起したい。

第二の理由は、本書を通じて現代日本の廃棄物問題、行政の問題、マスメディアの問題、そして住民運動の問題のみならず、住民運動研究の一つの方法論を世に問うてみたいと意図しているからである。

私は運動の渦中で、今現前に展開されている社会事象を理解するために、これまでの社会運動研究をできるかぎり読んだ。しかし、それらは多少の参考にはなったものの、どれも私が知りたいことに答えるものではなかった。概して社会学者の語りは、ペダンティック過ぎて住民としての私を満足させなかったし、運動の当事者やノンフィクションライターが書いたモノグラフは、たいていがエモーショナル過ぎて、社会学者としての私を満足させなかったのである。そのうち私は、これまでとは別の道を提示するべきだと確信するようになった。学問と実践は、もっと互いの接点を広げるべきではないか、と思った。

知識人とは

ただし、学問と実践の接点について、これまで似たような議論がなかったわけではもちろんない。なかでもハーバーマスの知識人論は、筆者の立場に近いものである。

彼によれば、一九世紀末のフランスでドレフュース事件の最中、はじめてアナトール・フランスが、現代固有の、今日普通に使われる意味で「インテレクチュアルズ」という言葉を使用した。このときインテレクチュアルズとは、「普遍的な利害を先取りするかたちで公的な事柄に言葉と文章によって介入する知識層の人々、その際に自分の職業上の知識を職業以外のところで、しかも『いかなる政治的党派の委託もなしに』使用することで介入する人々」を意味したという。

ハーバーマスは、またこうも述べている。

「政治的公共圏のいろいろな主題が扱われ議論が交わされるにあたっては、さまざまなアクターがいるにはちがいない。だが、これらもろもろのアクターたちの中で、インテレクチュアルズの特徴は、——彼らの自己理解によれば——いかなる機関をも代弁せず、頼まれもしないのに、社会全体にかかわるテーマについて筋の通った意見を言うために、自らの職業的能力を用いる点である。その意味で彼らの役割は専門家の役割とは異なる。なぜなら専門家は、程度の差はあっても『技術的な』問いに答えを出す存在、答えを利用する人々からの問いに答える存在に過ぎないからである」（ハーバーマス、2000, pp. iv-ix）

我が国でも、かつて次のように述べた社会学者がいた。

「社会学を勉強するというのは、ただ社会学という名のついた本を読むことではない。そうではなくて、本当は、社会を勉強することなのである。私たちがそこに生き、そこで苦しんでいる現代の日本の社会の諸問題を取り上げて、その解決に向かって活動することなのである。少なくとも、そういう活動の一つなのである。現代の社会そのものに何の関心も見識《けんしき》もない社会学者などというのは、まったくのナンセンスである。（中略）社会学を勉強する人は、いつも社会問題や社会思想を勉強していなければいけない。社会学者も、社会運動家も、社会思想家も、突きつけられている問題は同じなのである。この点を忘れて自分を社会学というトーチカに閉じこめると、私たちは社会学者でなく、社会学学者になってしまう。勉強家ほど、なりやすい」（清水、1959, pp. 260-261）

清水幾太郎のいうとおり、社会学者はトーチカに止まっていてはだめだと思う。自分の学問と現実との接点がなくなれば、机上の空論は生まれても、社会に役立つ貢献はなんらできはしないだろう。すなわち、社会学者は、単に与えられた問いに答える専門家ではなくてハーバーマスのいうインテレクチュアルズの一人であるべきである。

社会学には何ができるのか

しかし、さらに踏み込んで述べるならば、研究者が社会学学者ではなく社会学者として、社会の諸問題の「解決に向かって活動」しようとするとき、あるいは社会問題に「介入」しようとするとき、他の学問分野の研究者とは違った、社会学者固有の困難がある。それは、社会学者の研究者としての職業的能力、つまり社会学の専門性は何かという問題である。

たとえば、原子力発電所の立地問題を例にして考えてみよう。

住民たちは原子力発電所の建設に反対して住民運動を起こし、インテレクチュアルズの協力を仰いだとする。招かれた原子物理学者は、施設の安全性について専門的な意見を述べることができる。法律学者は、住民合意の手続きの正当性について助言ができるだろう。経済学者は、原子力発電が立地することによる経済効果について信頼にたる計算をしてくれるに違いない。政治学者は、候補地の決定がなされた政治メカニズムと今後の展開について予想を語ってくれるかもしれない。

では、社会学者は地元の人に対して何の役に立つのか？

社会学には、地域や環境や社会運動をテーマにする分野があるから、社会学者自身にとっては、こうした社会問題のことを深く知る価値は疑いえない。しかし、それは言わば手前勝手なことであって、ただそれだけならば、知られる側にとっては全くいい迷惑でしかないのではないだろうか。社会学は、あるいは社会学者は、どういう形で自ら知り得たことを社会へ還元することができるのだろうか。

この問題は、社会学は住民運動をいかに語るべきか、そして社会学者は住民運動といかにかかわるべきか、という問題と不即不離の関係にある。

本章では、これらの問いに答えるために、まず、これまで社会学は住民運動をどのように語って来たのかを整理し、それぞれの語り方の特徴、さらに言えば長所と短所を指摘する。次に、そうした語り方を乗り越える視点を提示してみたい。そして、社会学者は住民運動にいかにかかわるべきか、についての私の考えを述べることで、社会学は社会に何を還元するのかという問題にも答えたいと考えている。

2——住民運動の語られ方

これまで多くの論者が住民運動について語って来たが、それらを包含する定義を与えるならば、住民運動とは、地域固有の社会問題に対して、階層や職業属性を越えて地域の人々が起こした自発的で組織的な集合行動である、と言って良いだろう。こうした住民運動は、日本社会において一九五〇年代後半の高度経済成長の始まりとともに、全国各地で注目されるようになった。とはいえもちろん、それ以前には、地域の共通課題に対して住民が立ち上がった例はなかった、というわけではない。そうした例は、足尾鉱毒事件や別子煙害事件のように戦前にも見られたが、それらは住民運動というよりも、むしろ農民運動というべきものであった。すなわち、高度経済成長期以降の運動は、それ以前の運動が、第一義的には生産の現場への被害を問題にしたのに対して、むしろ生活の現場への被害を問題とした点、そして住民という属性のもとに結集した運動であったという二つの点に、その基本的特徴がある。

ただし、住民運動は、地域住民を核としながらも、それ以外の地域の人々とも結びつき、市民運動としても展開されもしたことを申し添える必要があるだろう。支援団体が被害者たちを支えた水俣病事件は、その典型だと言ってよい（船橋、2001, p.15. 成、2003, p.90.）。そして、こうした構図は今日まで基本的に変わっていない。

さて、こうした住民運動は、これまでいかに論じられてきたのか。

蓄積された業績を振り返ってみると、住民運動の語り方は、完全に理論的な研究を除けば、大別して以下に述べる四つの類型に分けられるように思われる[1]。

歴史主義

第一は、歴史主義的な語り方である。これを歴史主義的運動論と呼ぼう。たとえば、宇井純（宇井、1968）や田村紀雄（田村、1977）は、水俣病事件や足尾鉱毒事件を詳細な資料に基づいて明らかにしているが、いずれも研究対象を極めて象徴的な事件、歴史的に見て資料的価値の高い事件として具体的に記述することに多くの力を注いでいる。こうしたアプローチは、宇井や田村のような、学問研究を職業とする者ばかりではなく、フリーライターや運動の当事者たちが「運動の記録」としてとることも多い。そうしたなかには、事実の裏付けが曖昧であったり評価が一方的過ぎるのではないかと思われるものも、しばしば見受けられる。すなわち、こうした語り方には、歴史社会学からノンフィクションまでのレンジがあるのだが、そのいずれもが住民運動を歴史的な一回性のなかにとらえるという点で共通している。

マルクス主義

第二の語り方は、マルクス主義的な運動論である。先に述べたように、住民運動と高度経済成長の歴史はパラレルなものであった。すなわち、日本の場合、歴史的に見て住民運動の多くは、公害問題を契機として起きて来たと言ってよいだろう。公害は、戦後日本が重化学工業重視の産業政策を推し進めて来たことの一つの結果にほかならない。それゆえ、初期段階に限れば、住民運動をマルクス主義的な観点で論じることには、それなりの正当性があったと言えるだろう。宮本（1970）、松原（1971）、松原／似田貝（1976）、そして庄司（1980）はそうした運動論であった。

ただし、若干付言するならば、資本主義体制と関連づけて理解しようというマルクス主義の考え方には、その論者によって、時代の変化の中で濃淡があったことを見過ごすべきではない。

ある経済学者は、かつて「公害は国家独占資本主義の産物」であって「社会主義社会では社会的費用の負担に階級性はなく、公害を全滅する可能性は資本主義社会よりも大きい」（庄司／宮本、1964, p. 158）として、住民運動を結集して公害の全滅を要求する国民運動を起こそうと訴えていたにもかかわらず、やがて「現代的貧困は福祉国家の政策では解決がつかず、また現代の社会主義社会にもつづく問題である。そのいみでは、古典的貧困の解消のみならず、現代的な貧困の解決こそ、体制の優劣をきめるものということができる」と認識を変えて、「公害反対運動こそ、まさに、住民のための地域開発運動のはじまり」であって「日本列島の未来は、住民の自己教育を土台にした地域の自治体運動にかかっている」（宮本、1973, p. 18, 236）と主張する方向転換を果たした。

これに対して社会学者たちは、旧来の認識枠組みを変更することに概して慎重であったと言ってよい。すなわち一九七〇年代後半になっても、地域を「労働力の再生産の場」と規定し、「勤労者の労働力の再生産の維持の要求が労働過程の場（職場）での労働組合運動にとどまらず、地域生活の場での運動に広がってこざるをえない要因を明らかにし、次いで、地域生活の場における労働力再生産がいかに地域住民（市民）としての権利を無視されて困難をきたしているか、を地域の構造的問題として明らかに」（強調は原文）することに腐心するか（似田貝、1976, p. 332）、せいぜい「住民運動は、それゆえ、これまでの社会主義政党や労働運動を批判的に自己のうちに取り込みながら、新しい運動形態として発展し普遍化して行く政治戦略をとらなければならない」（庄司、1980, pp. 248-249）という認識に止まった事実は指摘されねばならないだろう。

とはいえ、社会学領域のマルクス主義的運動論が果たした貢献もあった。たとえば松原治郎と似田貝香門による「住民運動展開過程図」と「住民運動をめぐる組織関連図」の作成という分析手法は、今日でも十分通用するものだと言ってよい（松原／似田貝、1976）。マルクス主義的運動論の限界は、住民運動を独占資本主義段階の生産現場での問題が、生活の現場、すなわち地域社会において表出したものと見なして、労働運動などと「統一戦線」を結成して「国民運動への飛躍」を遂げるべきだ（松原編、1971, p. 243-253）という、なかばステレオタイプ化した認識にとらわれ過ぎたことにある。

対抗文化論

第三は、対抗文化論的な運動論である。このアプローチは、マルクス主義的運動論が経済決定論に傾斜しがちであったのにたいして、むしろ制度的側面を強調する点に特徴がある。佐藤慶幸による生活クラブ生協に関する一連の仕事（佐藤、1983, 1988, 1991, 1996）や越智昇による自治会やボランタリー・アソシエーションを対象にした地域住民組織の文化研究（越智、1990a, 1990b）は、まさしくこの部類の業績である。これらは今日、注目されているＮＰＯやＮＧＯといった市民セクター、市民組織研究の先駆的業績として高く評価すべきものであるが、今から考えると一定の限界をもつものでもあった。

すなわち、対抗文化論的運動論は、住民が自発的に起こす組織行動が、官僚制や越智の言う「公認アソシエーション」に対して対抗的な文化を有していることを強調する。たしかにその主張は、マルクス主義的運動論が等閑視して来た問題に光を当てるものではあったが、基本的論理は対抗的理論であるマルクス主義的運動論と同じではなかったか。つまり、それはマルクス主義的運動論と同様に、支配権力と対抗権力という構図をもつ同じ二元論であって、住民側に体制変革の潜在力を見る点でも共通したものであった。そして、その必然的帰結として、同じように状況の一面のみを切り取るという限界を有していた。

実証主義

第四は、実証主義的運動論であって、これは地域社会学や都市社会学で現在もっとも支配的なアプローチと言える。社会学は実証的な科学でなくてはならない。これは当たり前のことである。しかし、実証的であることと実証主義的であることは違う。実証主義とは、対象に対して一定の距離を保ちつつ「科学的」とされる社会調査を介して客観的な認識を行おうというアプローチである。今田高俊は、社会科学の方法論を、仮説演繹法、観察帰納法、意味解釈法にわけているが（今田、1986）、社会学における実証主義は、このうち仮説演繹法をもっとも重用して、意味解釈法の意義を否定するところに特徴があると言ってよいだろう。付け加えるならば、実証主義者は、観察帰納法については、中途半端な態度をとる。なぜなら、演繹法の所与法則は、帰納的な知識を前提しないと成り立たないことから、それを全否定はしないものの、帰納の仕方が直感や主観的なものに基づく場合は、自らの宗旨からして当然攻撃の対象になるからである。実証主義のこうした性格上、その社会調査は、成果が量的に把握が可能なものに傾斜しがちである。この部類の住民運動論としては、資源動員論を中範囲の理論として日本社会に適用させようとした片桐新自の研究（片桐、1995）や計量社会学から接近しようとした栗田宣義の研究（栗田、1993）がある。また、観察帰納法的な手法を取り入れた実証主義的運動論として、町村敬志の都市社会運動の類型論（町村、1987, 1989）をあげることができるだろう。

かつて見田宗介は、社会意識分析の方法にかかわって「見出されたデータ」と「引出されたデータ」という区分について述べたことがある（見田、1979, p. 122）。彼によれば、「見出されたデータ」とは、現実の場における社会意識の言語的・非言語的表現の記録であり、「引出されたデータ」とは、調査実験等をとおして研究者によって人為的に誘発されたデータを指す。しかし、データが見出されたものか引出されたものかは、それが社会意識にかかわるものかかかわらないものかに限らず通用する区別であるし、また引出されたデータも研究者によって見出されるものだとも言えよう。そこで、改めて私なりに定義し直せば、社会学が取り扱うデータは、すべて「現実の場における言語的・非言語的記録」として見出されたものであり、そのなかには、「研究者自身によって調査実験等をとおして人為的に誘発された」、すなわち引出されたデータがある、と言える。

この区分に基づいて述べれば、実証主義的運動論の限界は、自ら取り扱うデータの主要な部分を引出されたデータに限定してしまうことである。その結果として、再構成される現実は、現実そのものとはかなり隔たってしまう。引出すこと自体が悪い訳ではない。何を引出すのか、そして引出されたデータをどう意味付けるのか、という問題には見出されたもの全体との関係付けがなければならない。実証主義的運動論は、引出されたものが見えるものの一部であることを忘却する。つまり、実証主義的運動論は総体的な認識を喪失しがちであるという生得的弱点をもっている。

四つの語り

これら四つの語り方には、それぞれ長所と短所がある。まとめて述べることにしよう。

歴史主義的運動論は、対象を具体的に語るが多面的な考察が少なく、また得られた知見も普遍性に欠ける傾向があった。

マルクス主義的運動論は、普遍的な理論であり、さまざまな公害問題に共通する基本構造と被害者の苦しみを的確にとらえたものの、経済的側面を重視するあまり法律や文化といった制度的側面を軽視し、その結果として、制度が整備され文化が変容する中で、しだいに説得力を失って行かざるを得なかった。

対抗文化論的運動論は、マルクス主義的運動論が見落としたものをすくい上げるのに成功したが、逆に経済に代表される社会構造的側面を軽視しがちであったし、また支配文化と対抗文化を固定的にとらえることで、双方に分類不能なもの、つまり両者に共通するものを見落としがちであった。

そして、実証主義的運動論は、理論的な内的整合性の面ではもっとも優れていたものの、総体的現実を活写する力という点では、前三者に及ばないものであった。

歴史的にみれば、歴史主義的運動論はいつの時代にも存在し続けた。これに対して一九七〇年代に盛んだったのは、マルクス主義的運動論であり、一九八〇年代は、対抗文化論的運動論が注目され、一九九〇年以降は、実証主義的運動論が盛んになっている。しかし、一九八〇年代後半から、もうひとつの流れが生まれて来ているように思う。この一派は、これまで論じて来た四つの運動論のように、語り方によって特徴づけられる集合というよりも、語る対象が似通っていることから結果的に語り方までが近似してきたというべきものである。それは、環境社会学の分野における住民運動研究である。

3——環境社会学の貢献と限界

日本の環境社会学は、飯島伸子が指摘したようにアメリカのそれとは違って、地域に密接に関係した環境問題を取り上げることが多い（飯島、1993, pp. 1-8）[2]。その結果、研究の多くは具体性に富んだ、リアリティの高いものになっている。また、現代において環境問題は、住民あるいは市民、行政、企業が互いに連携しつつ、解決を図ろうとする場合が多い。それゆえに、環境社会学の住民運動論は、リアリティをもって語られるし多元主義の構成にならざるをえない。さらに、現代では、公害問題がかまびすしく論じられたころとは違って、われわれの多くが地球大の情報に通暁しており、現前の問題に潜む類的性質をつかみやすく、また実際に個別的な事例の中に、一地域、一国を越えて地球大の問題が潜んでいることも多いから、個別問題を普遍的な視野で論じられるという面もある。すなわち、環境社会学の研究は、リアリティの高さ、多元主義、個別事例に普遍性を捉える、という、優れた三つの特徴を有している。こうした諸特徴は、一例をあげるならば、新幹線問題や水俣病を研究した舩橋晴俊の業績に顕著である（舩橋、1985, 1987, 1988, 2000, 2001）[3]。

しかしながら、環境社会学分野での住民運動研究に全く問題がないわけではない。ここでは、被害構造論、生活環境主義、受益圏・受苦圏論という、我が国の環境社会学の代表的な理論視座に分けて、それらの理論が住民運動研究にとっていかなる意義があるかを検討することにしたい。

被害構造論

まず飯島の被害構造論を考えてみよう。飯島は、「公害・環境問題の被害の社会構造の構成要素」を「被害の広がりの範域」と「被害の深刻さの程度」という相互に関連する二方向の被害内容として把握する。そして、被害の広がりの範域として六段階、被害の深刻さの程度として九種類を指摘する。また「環境問題がどの段階の被害範域で発生しても、被害を実際に受けるのは、ある地域に生活している個人や家庭、つまり近隣社会や地域社会の個人や家族である」として、ミクロなレベルにも止目して「生活設計の変更」「生活水準の低下」「人間関係の悪化」が発生するメカニズム、すなわち「被害構造図式」を提示している（飯島、1993a, pp. 81-100）。

被害構造論の意義は、医学や工学などで数値化される被害ばかりではなく、社会的な被害が深刻であることを指摘したことであろう。これは自然科学的発想に片寄った公害、環境問題のとらえ方を批判し、社会学と社会学者が果たしうる役割を示したという意味で、たしかに優れた貢献であった。

しかし、社会学理論として評価した場合、その限界も指摘されねばならない。被害構造論の問題は、端的に言ってしまえば、住民を被害者としてのみ把握していることである。水俣市の住民たちがゴミの分別回収の徹底や無農薬農産物の運動を展開したことはよく知られている。このように、公害や環境問題を抱えた地域は、えてしてそれを逆に糧にして成長する場合がある。そうした反転がいかにして可能なのかについて、被害構造論は何ら答えるものではない。被害構造論は被害者をネガティブなイメージでとらえるので、たとえば、住民や市民による運動の発生とその性格が、被害の広がりの範域や被害の深刻さの程度とどのように関連するのかといった問題に答えられない。いわば被害の予定調和論になってしまっている。

もっとも、飯島には被害構造論とはべつに被害者運動論と自ら名付けた分野がある。しかし、それは歴史主義的な記述で終わっていて、被害構造論との有機的な関連づけを欠いている。それらはただ、被害の実態を論じた部分を含め「三つの局面」として把握されているに過ぎない（飯島、1993b, p. 243）。

すなわち、被害構造論は、構造論一般がえてして陥りやすいスタティックな把握にとどまっていて、住民運動研究の立場からすれば、運動の前提的条件を一定程度説明する部分的理論という限界をもっていると言わざるを得ない。そうした課題を残したまま、飯島は世を去ってしまった。

生活環境主義

次に、鳥越皓之や嘉田由紀子らの生活環境主義を見てみよう（鳥越、1989, 1997　鳥越／嘉田、

1991)。

鳥越は、「環境問題には純粋に第三者の立場などありえない」と断言する（鳥越／嘉田、1991, p. 331）そして、自らは「当該社会に実際に生活する居住者」の立場にたつとして、自然生態学的立場をとる自然環境主義と近代技術の適用が環境問題を解決するという近代技術主義とから自分たちを区別して、生活環境主義を主張する。こうした生活環境主義は、方法論的側面で言えば、その地域社会に固有な文化や意思決定のしくみ、すなわち「生活」とその歴史、すなわち「生活史」に着目して環境問題を考えようとするところにその特徴がある、と言ってよいだろう。

生活環境主義は、人間中心主義のひとつの主張であると言える。それは極端な理念主義に対する現実からの反論という意味では有効な考えだったと思う。しかし、問題がないわけではない。

池田寛二が的確に指摘しているように、多くの環境問題では、居住者といっても一様ではなく、また複数のコミュニティ間の意見対立がしばしば現出する。そのとき、「居住者の立場に立つ」という言明は、ほとんど無力である（池田、2005, p. 14-15)。

また、社会学の方法論としてみたばあいにも、以下の三つの点で問題をはらんでいると思われる。

第一は、地域社会の固有性を強調するあまり、歴史主義に陥りがちなことである。個別具体的な生活の歴史の叙述は、ときに歴史学や民俗学との違いを不明確にさせ、環境社会学のオリジナリティを減じせしめているのではなかろうか。歴史学や民俗学の方法を取り入れる価値を否定はしないが、その上でそれらの学問とはどう違うのか、社会学者は説明すべきではなかろうか。

第二に、権力への視点が脱落しがちであることである。たとえば、琵琶湖沿岸の水利用の変化と水のイメージを分析した嘉田は、「湖岸の改変や琵琶湖総合開発が、琵琶湖のもつ自然的特色を変えることによって琵琶湖の汚染を増幅しているかどうかという問題は議論を呼ぶ点ではある。と同時に、このような改変や開発が、人びとの湖に対する、もとよりあまり高くない関心をより低下させ、あるいは管理・保全のための無力感を助長しているとしたら、たいへん大きな〝社会文化的問題〟と言える」と結論づける（鳥越／嘉田、1991, p. 239）。

なぜ「助長している」と断言しないのか。居住者の生活諸条件の変化は、それ自体で地域社会と全体社会の権力作用の結果であるにもかかわらず、生活環境主義に立つ研究は、総じてそうした権力構造への追究が甘いように思う。その結果、生活環境主義の文献は、環境の変化が、なにか不可避の出来事のような印象を与えがちである。鳥越は、「伝統は反逆性をもつ」とも述べたが、それを実証的に明らかにする研究は、少なくとも今のところは十分ではないのではないか。

そして第三の問題は、居住者の立場に立つ、のはよいとして、では社会学者であることの意義は何か、ということである。

宮本憲一は宇井純を次のように批判している。

「私は宇井君といつも論争するんですが、宇井純君ですね。彼は公害問題で有名でありますが、宇井純君に対して、君は住民運動に行ったときには研究者のような顔をして、研究者のところに行ったら住民運動家のような顔をする、そういうふうにするとだれも太刀打ちができないんだと。当たり前のことなんですけどね。だから、僕はそれはいけないと。やっぱり環境政策とか、環境問題に携わる研究者は、あくまで研究者でなければならない」（滋賀大学環境総合研究センター、2004, p.

27)。同じ批判が生活環境主義にもあてはまらないだろうか。たとえば、鳥越はマンションや道路の建設反対運動の「研究」の中で「地元住民からの聞き取りによると、①長期間（三年以上）の闘争の継続、②組織的団結（地元が分裂しないこと、および核となる人たちがいること）、市との継続的な接触、の三点を開発にストップをかける要因であるという指摘を得た」として、それをそのまま追認している（鳥越、1997, p. 224）。

ただそれだけで良いのだろうか。居住者の立場に立ったうえで、よそ者である社会学者は何を語れるのか、社会学者の語りは、居住者とどう違うのかを示す必要があるのではなかろうか[4]。すなわち、生活環境主義は、コミュニティの複数性の問題のほかに理論としてのオリジナリティ、支配権力構造への遠慮、社会学者の立場の三つの点で、まだまだ説明すべき事柄を残しているように考える。

受益圏・受苦圏論

最後に舩橋晴俊や梶田孝道らの受益圏・受苦圏論について述べよう。

もともと、この受益圏・受苦圏論は、新幹線公害の研究のなかから生まれた理論のようである。舩橋は、「ある社会資本の建設に伴う受益者の集合」を受益圏、受苦者の集合を受苦圏としてとらえ、新幹線の建設においては二つの圏が重なり合わないところに問題を発見した。（舩橋、1985, p. 77）。また梶田は、大規模開発の進行に伴って「受益圏の広域化と受苦圏の局地化」という特徴がしばしば認められるという点を指摘し、同時に、受益圏と受苦圏との「重なり」ないし「分離」が、問題解決という点で決定的な意味をもちうるという点を主張したのであった(梶田、1988, pp. 3-30)。

まず、はじめに確認しておきたいことは、この受益圏・受苦圏というアイディアが、先の二つの理論と比べても、最良のものであるということである。このアイディアは、社会構造論や民俗学的手法以上の意味がある。この理論の優れている点は、さまざまな環境問題を類型化してとらえる上で、有効な指標であることだと言ってよい。たとえば、地球温暖化問題のような広範な受益圏と受苦圏との重なりをもった環境問題と石油コンビナート建設問題のように、それらがほとんど重なり合わない環境問題を同一視することは不適当であろう。受益圏・受苦圏論は、そうした環境問題ごとの性格の違いを明確化してくれる。また、環境社会学に限らず理論の多くを輸入に頼ってきた我が国の社会学にとって、こうしたオリジナリティの高い社会学理論が希有のものであるということからしても、基本的に言って高く評価すべきである、と考える。

ただし、残念ながら、われわれの関心である住民運動というテーマに関連して述べるならば、この理論には、大きな欠陥があると言わざるを得ない。そして、それは舩橋の固有の理論である支配システム・経営システム論についても当てはまっている(舩橋、1980)。

その欠陥とは、対象者の主観性の問題をうまく組み込めていないということである。

すなわち、この理論では受益にしろ受苦にしろ、いわば自明なこととされ、観察者が容易に判断できることのように取り扱われている。しかし、梶田が空港建設や火力・原子力発電所建設に伴う問題を例に出して、テクノクラートと生活者ではそれが別々の問題として把握されていることを指摘し、テクノクラートにとっては「経営問題」であり、生活者にとっては「(被)支配問題」であると述べたように、問題の当事者の主観にとってその認識はそれほど単純ではない。

　これから取り上げる産廃処分場問題を例にして考えてみよう。

　この処分場は違法に投棄された廃棄物によって、地下水汚染と有毒ガスの発生源になっている。そして、その対策を求める住民運動が展開されているが、運動に加わっている人々の認識は様々である。すなわち、地下水は琵琶湖へ流れ込むので、水源を共有する近畿全体の問題だという者、この地域では水道を地下水に頼っているので、水道を共有する栗東市の問題だという者、同じ地域にそういう危ない施設があることで、子どもの安全が脅かされたり地価の下落要因になって問題だと考える者、直近の住宅地でガスの被害を実際に日常生活の中で被っていて、なんとかして欲しいと訴える者がいる。そして、このように主張するそれぞれの人々の近隣に住みながらも、運動に加わらない人、問題に関心をもたない人も、厳然として存在しているのである。

　さて、この場合どこまでを受苦圏と呼んだらよいのだろう(5)。

つまり、問題をどのようにとらえるかによって受苦の範囲は変わってくる。また多くの場合、ひとつの問題に生まれる受苦の内容は多様であり、さらに対象者がそれを自覚していない場合もある。

梶田は、『受苦忘却型』で『受苦放置型』の開発から『受苦覚醒型』で『受苦回収型』の開発」への移行の必要性を指摘している(梶田、1988, p. 263)が、われわれにとって関心があるのは、そうした忘却や覚醒が生じるメカニズムであり、受益圏・受苦圏論は、こうした住民の主観の問題を提起したところで終わってしまっているように思われる。

方法論の無自覚性

さて、先に環境社会学の住民運動研究は、リアリティの高さ・多元主義・個別事例に普遍性を捉えるという特徴をもち、歴史主義的運動論、マルクス主義的運動論、対抗文化論的運動論、実証主義的運動論よりも優れていると述べた。この認識は、上述の、被害構造論、生活環境主義、受益圏・受苦圏論の限界を認めたうえでも変わらない。

なぜなら、実際行われた数多くの環境社会学分野の実証研究は、これら三つの環境社会学の理論視座に収まり切るものでなく、その理論の主唱者自身によってなされたものでさえ、それらからはみ出し、あるいはそれらを乗り越えているものが少なくないように思うからである。

しかし残念ながら、多くの優れた実証研究が方法論にかかわって反省的に整理され一般化されずに放置されてしまっている。そこで次に、これまで行ってきた学説批判と主として環境社会学の領域で蓄積されてきた実証研究を踏まえて、住民運動のあるべき語り方について論じることにする。

4——住民運動をドラマとしてみる

さて、これまでの住民運動研究を総括すると以下に述べる三つの難点を残していたと言える。第一に、考察による発見が個別性と普遍性のいずれか一方に傾斜しがちであったこと、第二に、総体的現実を明らかにしようとするのではなく、演繹的な観点からの一面を切り取る傾向をもっていたこと、そして第三に、権力作用とそれへの反作用、研究者の立場と生活者の立場、客観的構造と主観的意識を複眼的に捉え相互に関連づけることに失敗したこと、である。

これまでの住民運動研究のいずれにも満足できない。学説研究の果てにたどり着いたのは、以下に述べる自分なりの方法論の定式化である。ただし、これは全く新しい見解だと言うつもりはない。繰り返せば、学説研究と蓄積されてきた実証研究を踏まえて、そして、目の前に展開している現実を理解するために自分なりに定式化したものである。

まず、新しい見方の根本原理として、住民運動をドラマとしてみる、という点を確認したい。社会学者は住民運動をひとつのドラマのようにみるべきである、というのが基本的主張である。

このようなアナロジーを用いる含意は、実証主義的運動論のように演繹法的態度を取るのではなく、解釈法を基本的立場として採用するということである。始めから一定の枠を決めて事実を認識するのは適切とは思えない。できるだけ事実をありのままにとらえる態度をとるべきである。とはいえ、社会学者は独自の経験と知識をもつ存在である。厳密に言えば解釈する側には、何らかの認識フレームが存在する。しかし、それは「構え」として存在するのであって、あくまで最初にボールを投げるのは住民運動の側にある。ここで解釈法と言うのは、そういう対象との接し方を指している。社会学者は、あたかもドラマをみるようにして現実の住民運動をみるべきである。ドラマの展開はだれも知らない。しかし、それをみる社会学者はそのドラマの意味を全責任において解明することを義務づけられる。

もっとも、われわれは、住民運動研究において演繹法的なアプローチ、たとえば統計的調査を活用する価値を否定はしない。しかし、それはあくまで研究全体の中で部分的な手法でなければならないと考える。また帰納法的アプローチについても同様である。様々な事例に共通する特徴を見出す価値は当然ある。しかし、それは個別事例の研究の延長に構想されねばならないと考える。

七つの課題

さて、住民運動をドラマとしてとらえたとき、社会学者が明らかにすべきことは、以下の七つの課題として設定される。

①ドラマの舞台となった地域社会の社会構造と文化を一定明らかにすること。
②ドラマに登場する行為主体（アクター）の性格と彼らの相関関係を明らかにすること。
③ドラマのストーリーがどの勢力からもっとも影響を受けて生み出されているのかを明らかにすること。
④ドラマが停滞する／進展する要因を明らかにすること。
⑤これまでのドラマの展開においてありえたストーリーと今後のドラマの展開においてありえるシナリオを示すこと。
⑥このドラマが他のドラマと、アクターの性格・アクター間の相関関係・設定された場面・

生み出されたストーリーにおいて、共通する点と相違する点を明らかにすること。

⑦このドラマが歴史上にもつ意味を明らかにすること。

社会学者は、住民運動のアクターではないし、単なる観客でもない。ここでアクターではないという意味は、ドラマを漠然とではなく分析的にみるということである。そして観客ではないという意味は、ドラマを漠然とではなく分析的にみるということである。それらのためには、アクターや住民運動そのものにある程度の感情移入がなされねばならない。しかし、社会学者はそれに流されることなく、そのドラマの諸特徴を解明しなければならないのである。住民運動をドラマとしてみるという接近方法は、こうした解釈法を基本にしつつ、とくに①の課題の解明にかかわって演繹法的手法を⑥の課題の解明にかかわって帰納法的手法を取り込む。しかし、最終的に明らかにされねばならないのは、このドラマが提起した意味の全体的解明である。

「ドラマとしての住民運動」という言葉から誤解が起きては困るので、さらに二点確認しておこう。

第一は、住民運動はドラマであると言っているのではない、ということである。ドラマトゥルギー論とドラマとしての住民運動論は、似て非なるものである。住民運動はシナリオを演じるような儀式的なものではない。それは当事者にとって止むに止まれぬ行動であり、切実な現実そのものである。しかし、社会学者はそれをそのままではなく、独自の目でドラマとしてとらえ、解釈するべきなのである。

第二は、ドラマそのものと違って、住民運動のシナリオは後から書かれるということである。ドラマに登場するアクターは、運動を沈静化させようとか拡大させようとか、刺激しようとか、それぞれ自らの志向性をもっている。しかし、ドラマはどのアクターの意図にも存在しなかった意味をもつかもしれない。そうした「意図せざる結果」を含めて、多様なアクターが織りなすドラマをひとつの筋のある話としてまとめるのは、社会学者の仕事である。現実はシナリオのないドラマであり、ドラマのストーリーは歴史のなかで社会学者の描くシナリオとして明らかにされる。

こうした方法論は、住民運動をそのリアリティを損ねることなく、構造的かつ分析的に把握することを可能にする。また個別事例に普遍性をとらえる方向性を有するものである。

それゆえ、この方法論は、歴史主義に普遍主義を対置する。マルクス主義的運動論や対抗文化論的運動論のように二元論ではなく多元主義をとる。そして実証主義的運動論にリアリティを主張する。また、マルクス主義的運動論と被害構造論が得意とした構造的分析手法を取り込み、対抗文化論的運動論と生活環境主義が注目した文化への視点を有する。そして、実証主義的運動論と受益圏・受苦圏論がもっていた高い論理整合性を継承するものである。

ところで、この方法論を実践し住民運動をドラマとしてみるためには、社会学者には特別な努力が必要とされるだろう。それを簡単な言葉で言い表すとすれば、住民運動にたいして「距離を置きつつ寄り添う」ことである。住民運動にたいして高みの見物を決めこんだり、勝手な一面のみを切り取るような語りは許されない。また逆に住民運動に巻き込まれ活動家と変わらぬようになってもいけない。住民運動に寄り添い、それへの一定の共感をもちつつ冷徹な分析を行う覚悟が求められ

る。この章の最初の方で、社会学者は住民運動にいかにかかわるべきか、と問うた。以上が私なりの回答である。(6)

社会学と社会学者にできること

では、住民運動に対して距離を置きつつ寄り添うことで、社会学は社会に何を還元するのか。私は次のように考えている。

住民運動と社会学者の関係は、芸術家と芸術評論家の関係を想起すれば分かりやすいかもしれない。両者の関係はよく似ている。社会学者の役割は四つある。

まず第一に芸術評論家が芸術家を「発掘」することがあるように、社会学者には住民運動を世間一般に伝えるという役目がある。切実な思いを持ち運動を起こす人々の存在を社会の前面に引き出す、そうした役割が最初にある。第二に、芸術評論家が芸術家をパトロンに引き合わすように、住民運動を支援する貢献をなすことができる。社会学者がもつ情報と人的あるいは物的な資源は、運動にとって多いに役立つに違いない。そして第三に、芸術評論家が芸術家にたいして、いつも甘い顔をしてはいないように、社会学者は豊富な知識をもって住民運動を担う人達に対して、運動の進め方に関して意見する役割を果たすこともできるだろう。そして最後に、社会学者は住民運動を歴史として総括する、という重大な役目を担うべきであろう。

かつて政治学者である神島二郎は、ある本の前書きの中でエピソードを交えて興味深い話を書いている。

或るとき、透明なガラスがそれに気づかなかったある学生によって壊された。神島はそのことを引き合いに出して、頭の中に或るイメージとしての現実と現実そのものとの違いについて論じる。ガラスにぶつかった学生は、痛い思いをして頭のイメージを修正したに違いない。ところで、社会的な現実はガラスのような自然的な現実とは違って「やわらかい」という特徴がある。「無理が通れば道理ひっこむ」という諺や「泣く子と地頭には勝てぬ」という言葉は、そのことを言い表している。

彼は、次のように言う。「〈やわらかく〉動く社会的な現実は『物にふれて』感ずる『人のこころ』とともにある。この動く現実をわれわれの経験にくみあげてくるのは、時あってか、その変貌をはっと気づく知的な判断なのである。泣く子には、物に感ずるこころはあるけれども、変貌に気づく知的な判断がない。地頭には、知的な判断はあるかもしれないが、物に感ずるこころがない。人心は動いて止まらぬ。〈やわらかく〉、そして抑えがたく」(神島、1977, p. 1-4)

この章で言いたかったことは、ここにつきている。運動と完全に同化するのではなく運動を冷ややかに眺めるのではなく、半分は内に半分は外に身を置くこと。それは、運動に対して、内から入る場合でも外から入る場合でも同じである。私は、本書でとりあげた住民運動に内側から入った。事例によって外から入る場合もありえよう。いずれの場合も大切なのは、半身の構えを貫くことである。

つまり、泣く子にならず地頭にならず、社会学者は住民運動という現実に寄り添うべきである。

（1）ここでの分類は業績に関してのものであり、研究者に関してのものではない。
（2）ここで言う「リアリティ」とは普遍的な共感可能性であり、非言語的なものも含む。
（3）この点で、社会運動の研究史を整理した矢澤修次郎が船橋の業績に全く触れていないのは不思議である（矢澤、2003）。
（4）この問題は、第二の、権力への遠慮という点と連動している。
（5）この事例のようなストック公害の場合、受益という点でも問題があるだろう。すなわち、受益者は産業廃棄物を排出した企業群なのか、不法処理した産廃業者なのか、それとも受益者はいないと考えるべきなのだろうか。
（6）研究と実践の関係性に関わる問題についてはアラン・トゥレーヌの「社会学的介入」の主張が有名であるが、日本において、同じように住民運動との関わり方を模索し、いち早く調査それ自体が「共同行為」であることを指摘したのは似田貝香門である。ただし、中野卓が的確に批判したように、それは結果として言えることであって、初めから調査者が持ちかけるものではあるまい。この批判はトゥレーヌにも妥当する。一方、地域社会における（生きる）社会学者の役割としては、本論で述べるような、より積極的な貢献があるべきだと考える（トゥレーヌ、1983　似田貝、1974, 1996　中野、1975a, 1975b, 1975c）。なお、似田貝—中野論争については、井腰圭介が要領よいまとめをしている（井腰、2003）。

【引用文献】


ハーバーマス（三島憲一編訳）（2000）『近代―未完のプロジェクト』岩波現代文庫。

清水幾太郎（1959）『社会学入門』光文社カッパブックス。

船橋晴俊編（2001）『講座環境社会学2　加害・被害と解決過程』有斐閣。

成元哲（2003）「初期水俣病における『直接性／個別性』の思想」片桐新自／丹辺宣彦編『現代社会学における歴史と批判 下巻近代資本制と主体性』東信堂。

宇井純（1968）『公害の政治学――水俣病を追って』三省堂新書。

田村紀雄（1977）『渡良瀬の思想史――住民運動の原型と展開』風媒社。

宮本憲一編（1970）『公害と住民運動』自治体研究社。

松原治郎編（1971）『公害と地域社会』日本経済新聞社。

松原治郎／似田貝香門（1976）『住民運動の論理』学陽書房。

庄司興吉（1980）「住民運動の社会学」青井和夫／庄司興吉編『家族と地域の社会学』東京大学出版会。

庄司光／宮本憲一（1964）『恐るべき公害』岩波新書。

宮本憲一（1973）『地域開発はこれでよいか』岩波新書。

佐藤慶幸（1983）『アソシエーションの社会学』早稲田大学出版部。

（1988）『女性たちの生活ネットワーク』文眞堂。

（1991）『生活世界と対話の理論』文眞堂。

（1996）『女性と協同組合の社会学』文眞堂。

越智昇（1990a）『社会形成と人間――社会学的考察』青娥書房。

（1990b）「ボランタリー・アソシエーションと町内会の文化変容」倉沢進／秋元律郎編著

『町内会と地域集団』ミネルヴァ書房。

今田高俊（1986）『自己組織性——社会理論の復活』創文社。

片桐信自（1995）『社会運動の中範囲理論』東京大学出版会。

栗田宣義（1993）『社会運動の計量社会学的分析——なぜ抗議するのか』日本評論社。

町村敬志（1987）「低成長期における都市社会運動の展開——住民運動と『新しい社会運動』の間」栗原彬／庄司興吉編『社会運動と文化形成』東京大学出版会。

（1989）「現代都市におけるアクティビズムの所在」矢澤修次郎／岩崎信彦編『都市社会運動の可能性』自治体研究社。

見田宗介（1979）『現代社会の社会意識』弘文堂。

飯島伸子（1993a）「環境問題と被害のメカニズム」飯島伸子編『環境社会学』有斐閣。

飯島伸子（1993b）（1984）『改訂版 環境問題と被害者運動』学文社。

舩橋晴俊他（1985）『新幹線公害』有斐閣選書。

舩橋晴俊（1987）「東北新幹線建設と住民運動——『支配システムと経営システム』の視角から」栗原彬／庄司興吉編『社会運動と文化形成』東京大学出版会。

舩橋晴俊他（1988）『高速文明の地域問題』有斐閣選書。

舩橋晴俊（2000）「熊本水俣病の発生拡大過程における行政組織の無責任性のメカニズム」相関社会科学有志編『ヴェーバー・デュルケム・日本社会』ハーベスト社。

鳥越皓之編（1989）『環境問題の社会理論——生活環境主義の立場から』御茶の水書房。

鳥越皓之（1997）『環境社会学の理論と実践——生活環境主義の立場から』有斐閣。

鳥越皓之／嘉田由紀子編（1991（1984））『増補版 水と人の環境史——琵琶湖報告書』御茶の水書房。

池田寛二（2005）「環境社会学における正義論の基本問題——環境正義の四類型」『環境社会学研究』

第11号。

滋賀大学環境総合研究センター（2004）『滋賀大学環境総合研究センター研究年報』第1巻第1号。

梶田孝道（1988）『テクノクラシーと社会運動』東京大学出版会。

舩橋晴俊（1980）「協働連関の両義性——経営システムと支配システム」現代社会問題研究会編『現代社会の社会学』川島書店。

神島二郎（1977）『人心の政治学』評論社。

矢澤修次郎（2003）「総論　社会運動研究の現状と課題」矢澤修次郎編『講座社会学15　社会運動』東京大学出版会。

アラン・トゥレーヌ（梶田孝道訳）（1983）『声とまなざし』新泉社。

似田貝香門（1974）「社会調査の曲がり角——住民運動調査後の覚書」『UP』24。

似田貝香門（1996）「再び『共同行為』へ——阪神大震災の調査から」『環境社会学研究』第2号。

中野卓（1975a）「社会学的調査と共同行為——水島工業地帯に包み込まれた村々で」『UP』33。

中野卓（1975b）「社会科学的調査における被調査者との所謂『共同行為』について」『未来』102。

中野卓（1975c）「社会学的調査の方法と調査者・被調査者との関係」『未来』103。

井腰圭介（2003）「社会調査に対する戦後日本社会学の認識転換——『似田貝—中野論争』再考」『社会調査の知識社会学』年報社会科学基礎論研究第2号。

第2章　舞台・アクター・シナリオ

1――事件の舞台

では具体的考察に入ることにしよう。

このドラマの舞台となったのは、滋賀県の南東部に位置する栗東市である（問題発生当時は栗東町であるが、本書では原則的に、煩雑さを避けるため市政が施行された二〇〇一年一〇月以前も含めてすべて「市」として記述する）。栗東市の人口は、問題が顕在化した一九九九（平成一一）年時点で五・五万人。現在（二〇〇六年）は六万人である。滋賀県は今の時代にはめずらしく人口増加県であり、しかも増加率は全国一を争っている。とくに京阪神への通勤圏になる南部の人口増加が著しい。栗東市も例外ではなく、人口も世帯数も一貫して増加傾向にある。

栗東市の場合、こうした都市化の始まりは、一九六三年の名神高速道路栗東インターチェンジの

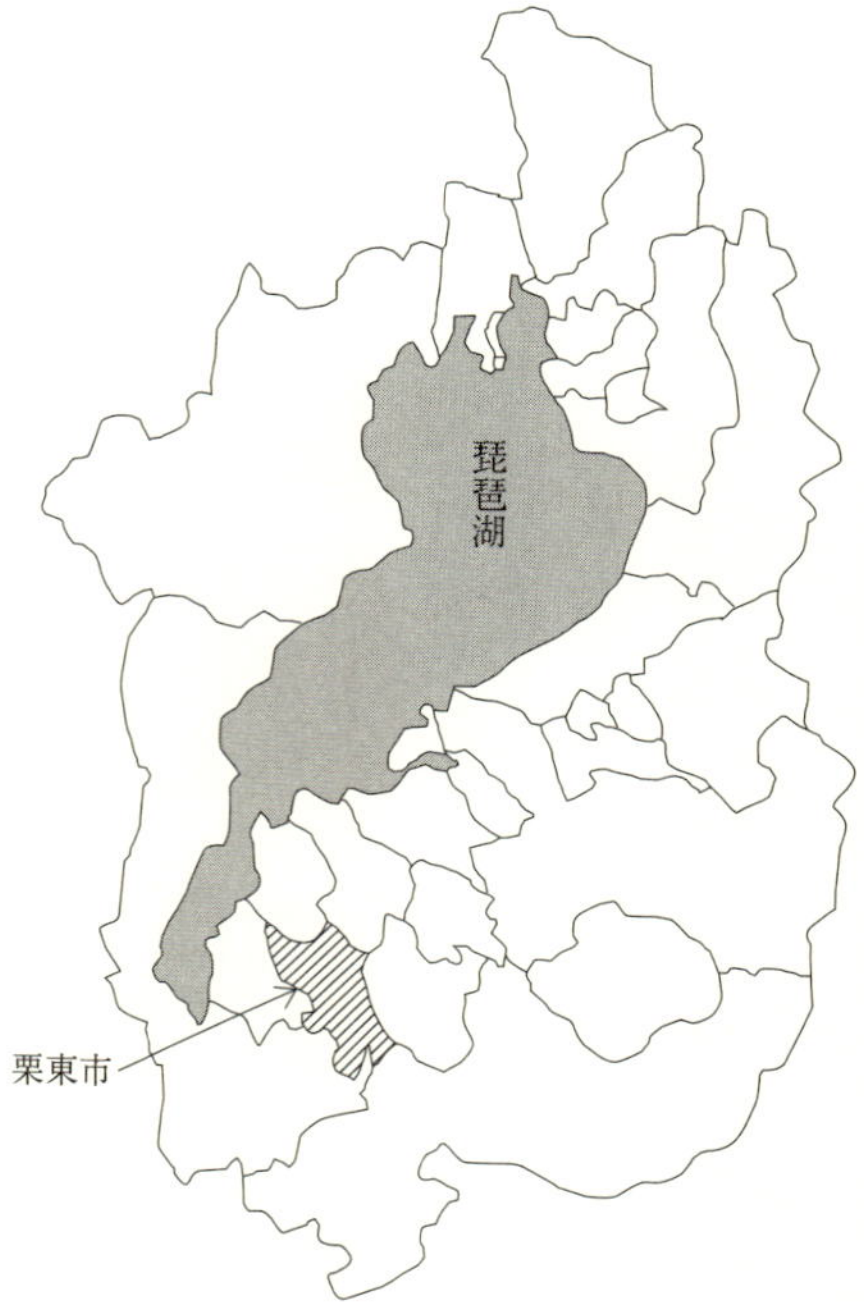

開業に端を発している。その後、国道一号線と国道八号線の分岐点でもあるという地理的好条件もあって、日清食品や積水ハウスといった大企業が工場を建設あるいは増設していった。しかし、何と言っても画期的だったのは、一九六九年に日本中央競馬会（ＪＲＡ）が、当地に栗東トレーニングセンター（以下、トレセンと略）を開業したことである。トレセンは、多くの関連企業とともにやってきた。トレセンができたことによって、市の人口は一気に増加したばかりではなく、市の財政規模も大幅に拡大することになった。

また一九九一年には市内二つ目の駅であるＪＲ栗東駅（東海道本線）が開業し、人口増にさらに拍車がかかった。近年の税収減少に加えて、そうした開発と人口増による諸需要の増大によって、栗東市の財政は逼迫してきている。しかし、二〇〇六年まで二五年連続の不交付団体であり、県内の他の自治体と比較的すれば、かなり恵まれた財政事情にあるといってよい。

栗東市の人口動態

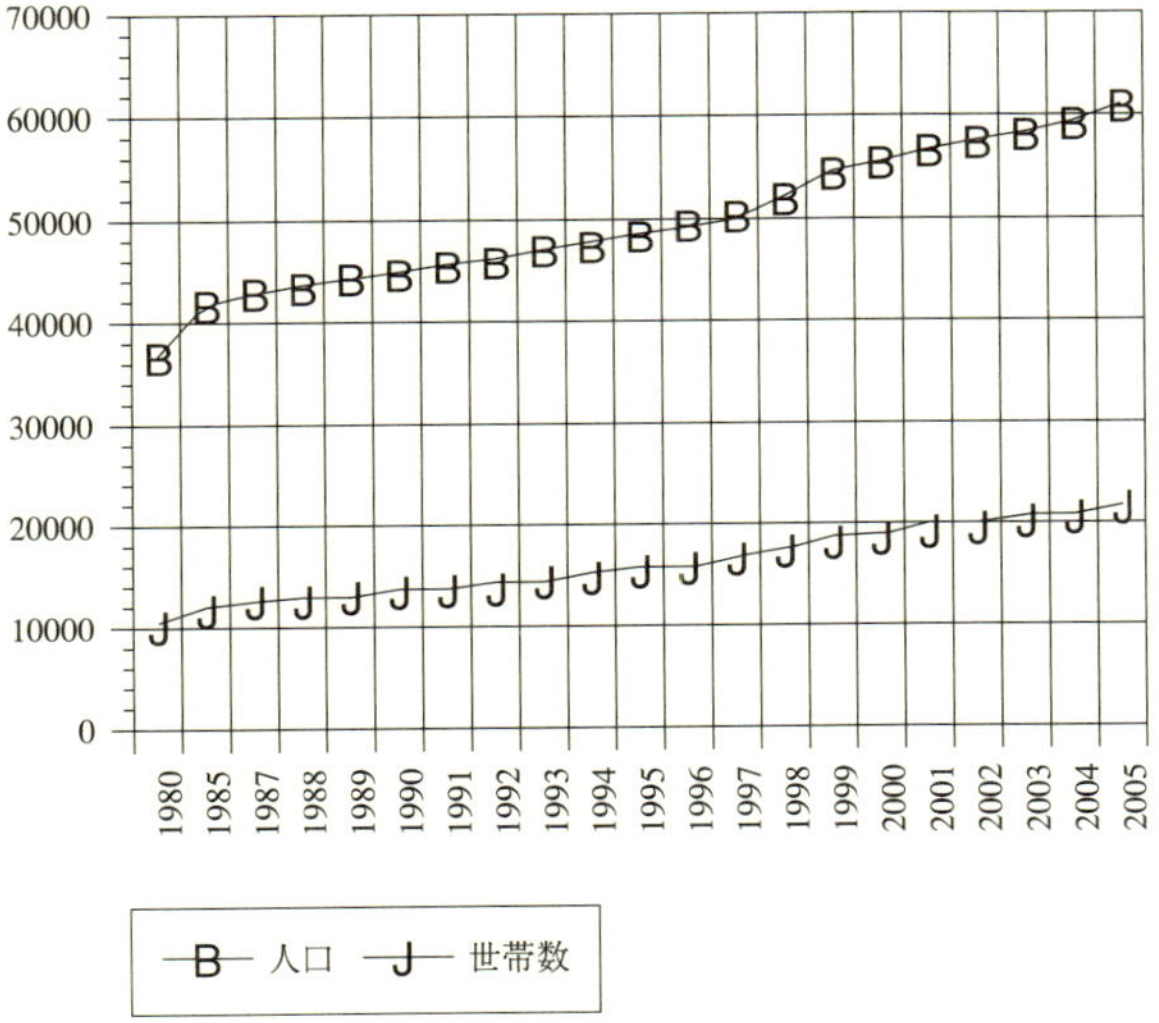

少し先走るが、二〇〇六年に嘉田由紀子さんがいったん決定した新幹線新駅の「凍結」を打ち出して滋賀県知事に当選するが、その新駅予定地こそ栗東である。新駅を作るには、県ばかりではなく市にも大きな負担がかかる。栗東にはその余裕があったということであろう。

栗東市の政界について述べよう。問題発生時の猪飼峯隆市長は、農協の専務理事などを経て助役を一九六八年から一九七六年まで務め、一九八二年に初当選。以来五期連続で市長を務めたのち市制施行に伴い初代市長になった。ただし五期目は、高齢と患った脳疾患の後遺症のため職務遂行能力をかなり低下させていた[1]。

市議会の構成は、ここ数期安定しており、二〇人の議員のうち共産党が二～三名と公明党が一～二名、民主党系の議員が二～四名の全部で三割から五割ほどで、残りは保守系の議員である。現在、女性議員は三人。最近三期を調べた限りでは、全議員のうちいわゆる新住民は六〜七人で、人口割合とはちょうど逆に市内出身者が七割を占めている。市議会議員選挙は、いわゆる地縁が優先され各候補者は政策や政党というよりも地元を代表する者として選挙戦に臨むことが多い。また県議会には、当時、自民党と民主党それぞれ一人ずつの議員を出していたが、いずれも元町議会議員である。

情報環境としては、以下の事実を指摘できる。視聴可能な地上波テレビ局は八局ある。ケーブルテレビは、二〇〇三年より開局された。新聞は、一般紙として朝日・読売・毎日・産経の全国紙五紙のほか、地域紙の滋賀報知新聞、地方紙として京都新聞、ブロック紙として中日新聞がある。県紙としては途中、「みんなでつくる滋賀新聞」が創刊されたが短命（二〇〇五年四月〜二〇〇五年九月）に終わっている。国勢調査によれば、市外に通勤通学している人は人口の二三％、県外に通勤通学している人は七・二％おり、当然行った先で情報を得ていると思われる。(2)

問題の発生

さて、では住民運動の発端になった出来事について述べることにする。

一九九九年の夏、市内の一般廃棄物を処理する環境センターの建て替え問題がもちあがった。市は当初ＲＤＦ（固形燃料）方式を検討した。三重県で同方式の火災事故が起きる四年前のことであり、当時、ＲＤＦ方式はゴミを燃料として資源化する方法としてけっして低くない評価がなされていた。しかし、ゴミ問題に詳しい人々から、その有効性について疑問の声があがった。中心となったのは、「新日本婦人の会」が主催したゴミ問題のドイツ視察旅行にも参加したことがあるT・jさんである。彼女は、仲間を集めRDF反対の運動を開始する。そして、環境センターの近くで、民間業者がガス化溶融炉という新型炉が建設中であることを知るに至る。(3)

ガス化溶融炉は、高温で廃棄物を燃やすためダイオキシンの発生が少ないことが販売上の宣伝文句であったが、当時国内での稼働実績がほとんどなく、またドイツでは事故を起こしていることなどからその安全性が不安視されていた。また、廃棄物の分別は無用であり炉内の高温を常時維持するため大量の廃棄物を投入し続けなければならないことが、廃棄物の抑制と分別という方針に逆行することや廃棄物の運搬に伴う交通問題が起きることが疑問視されていた。T・jさんたちのグループは、この民間産廃処分場の周りの住宅地に住む住民たちに危険と問題を訴える啓発活動を展開する。やがて、この活動は功を奏し産廃問題に対する住民の関心は徐々に高まって行った。

本書でとりあげる産廃処分場問題は、このように新型焼却炉の稼働反対運動として始まったものである。しかし、問題はそれに止まらなかった。途中から運動は、同地で埋め立処分された廃棄物が引き起こす環境汚染問題に変質する。本書では、運動の過程を跡付けつつ、この問題が提起した住民運動、行政と専門家、そしてマスメディアの問題を論じることになる。

産廃処理場周辺図

処分場とその周辺

その前に、当該の産廃処分場とその周辺の状況について説明しておこう。

この産廃処分場は、株式会社アールディ・エンジニアリング（以下、ＲＤ社と略）という民間企業（資本金四〇〇〇万円）が経営する施設で、この企業は、県より産業廃棄物の収集・運搬、中間処理、最終処分の免許を得ていた。また、市より、一般廃棄物の収集・運搬の免許を得ている。処分場は破砕や焼却を行う中間処理施設と安定型の最終処分場とを兼ねており、当該企業はこの処分場とは別に三重県に管理型の最終処分場を有している。実質的に経営者が同じの関連会社も数社ある。

ＲＤ社の社長は、猪飼市長の甥、専務

は市の助役の息子であり、市議会には元従業員の議員が一人おり、二人の県議会議員のうち自民党の県議は、その市議会議員の親族である。処分場の土地の一部は、猪飼市長の私有地であり、猪飼市長の妻が当該企業の有力株主になっている。(4)

処分場は、名神高速道路の栗東インターチェンジから二キロ半ほどの距離にあり、自動車を使った広域事業には恵まれた場所にある。地形も特徴的である。処分場はYの字のように県道が走る内側に作られており、ちょうどY字のうちV字を形作る山の谷間になっているので二本の県道からは内側が伺い知れないようになっている。東側はYの字の右側であり、ちょうど上を北にしてYの字を左側に傾けたと思っていただければわかりやすい。主な施設としては、Yの字の交差地点当たりに県の工業技術総合センターがあり、北側三〇〇メートルには県立高校が立地している。

周辺には集落が六つある。ここでは、処分場を中心に時計回りにA～F集落と呼ぶことにしよう。各集落の特徴は次のとおりである。

A集落。三〇軒ほどの一戸建住宅があり工場・事業所・倉庫等もある。集落の中でもっとも処分場に近く、団地は四・五メートルの道路を挟んで隣接している。この集落は、ひとつのデベロッパーが開発したのではなく、徐々に宅地化されていった。したがって、その開発時期を特定するのは困難であるが、処分場ができる以前から開発されていたことは確かである。この集落の住民は皆移り住んできた人たちである。近くにバス停はなく、やや不便なところにある。団地内の道路は、事件発生当時は私道であり、この一帯は、都市計画法上の市街化調整区域になっている。

B集落。三〇軒ほどの一戸建住宅がある。大きな家が多い。古くからの集落であり、農業を営ん

周辺集落図

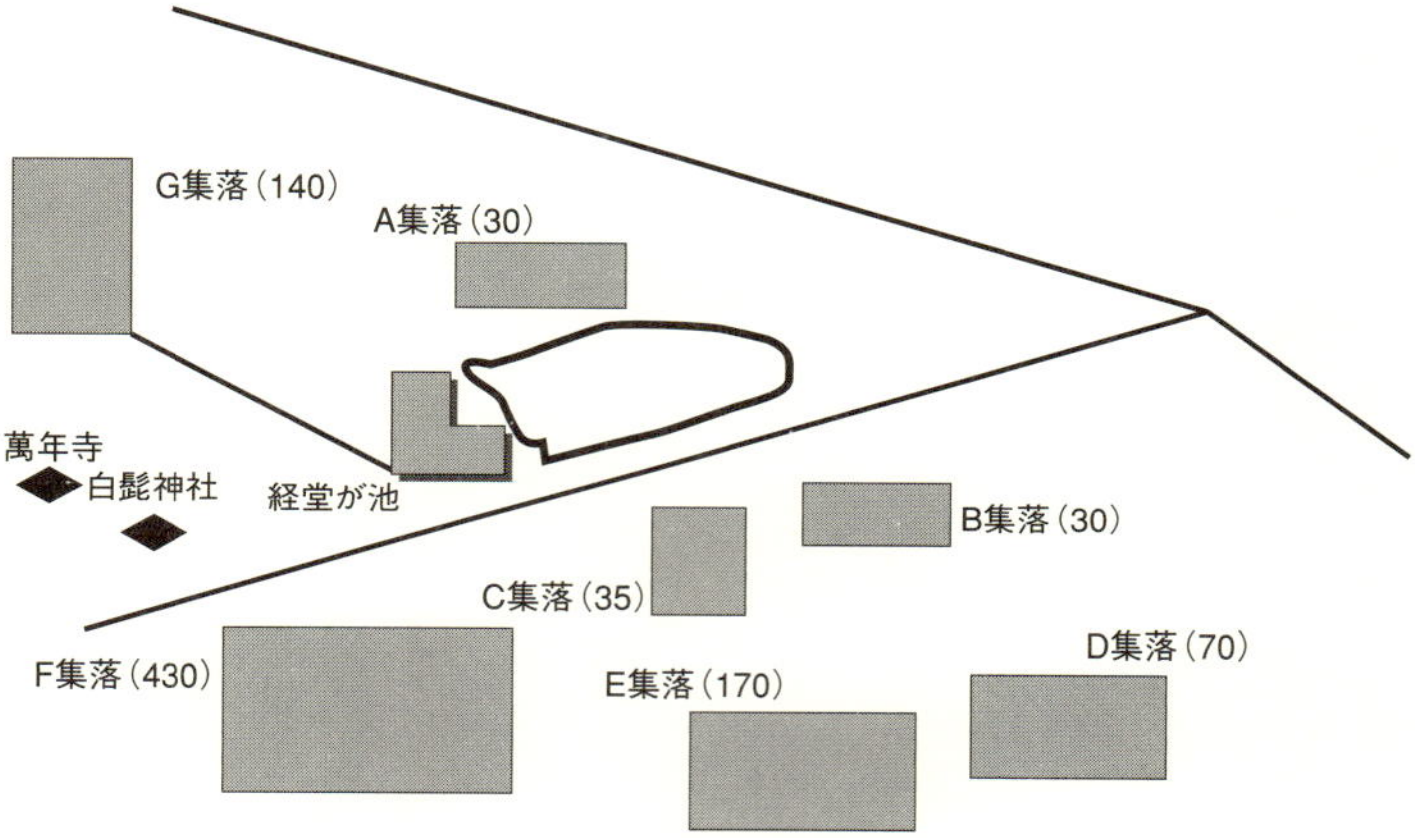

（　）内はおおよその戸数。

でいる世帯が多い。ＲＤ社の社長の自宅もここにある。自治会は独立したものでなく、田圃をはさんで西側の集落と同じ組織になっている。市街化調整区域。

Ｃ集落。三五軒ほどの一戸建住宅。市街化調整区域であるが、一九七〇年代前半ごろから徐々に開発された。新住民が住む小規模住宅団地と言ってよい。

Ｄ集落。周辺では最も新しい住宅団地で、出来たのは一九八九年である。七〇軒ほどがある。住宅都市整備公団が分譲した団地で七〇軒ほどがある。バブル景気の中でもあり、宅地購入のための抽選はかなりの高倍率であったと言われている。経済的には比較的恵まれた中間層が多く住む。第一種低層住居専用地域。

Ｅ集落。一九七二年に市が造成して販売した一戸建分譲地である。一七〇軒ほどがある。Ｂ、Ｃ、Ｄ集落の近くのバス停は一カ所であるが、E集落は二カ所を利用可能である。市が分譲主体であったこともあり、市内から移ってきた人が多い。第一種低層住居専用地域。

F集落（栗東ニューハイツ）。一九七〇年に入居が始まる。三つのバス停が利用可能な四三〇軒の地域最大の住宅団地である。第一種低層住居専用地域。民間業者が開発分譲した団地で、E集落とは違って入居者が以前住んでいたところは全国さまざまである。また開発がもっとも早かったこともあって、当初入居した人々も世代交替や転居でだいぶ入れ替わっている。

この事件に登場するのは以上の六集落に加えてもう一つある。この集落をG集落と呼ぼう。この集落は、処分場からは一六〇〇メートルほど離れているが、処分場北西側に隣接する農業用ため池を所有しており、A・E・Fの集落と大字の地名を共有している旧村である。猪飼市長の自宅はこの集落にあり、RD社の社員も住んでいる。農家は三五軒、全体では一四〇軒ほどで構成されている(5)。

このG集落と処分場の関係について少し付け加えておこう。

この集落は、東海道の旧道沿いにあるのだが、その歴史はかなり古く、街道ができる以前は処分場の近く、現在の萬年寺の付近にあった(6)。萬年寺はかつて小野寺と言ったが、この寺は開基八三五年の古刹である。萬年寺の南隣には小野氏との関係が深い鎮守社、白髭神社がある。この神社はさらに南側の処分場の方向へ向いて立てられており、境内には狛犬ならぬ大きなウサギの石像がある。この地域では、「山の神」の使いは白ウサギだと考えられていて、ここには民間信仰と神社神道の融合の一例をみることができる。現在でも、この集落には青木、猪飼、奥村、といった山とのかか

小野村地券取調総絵図

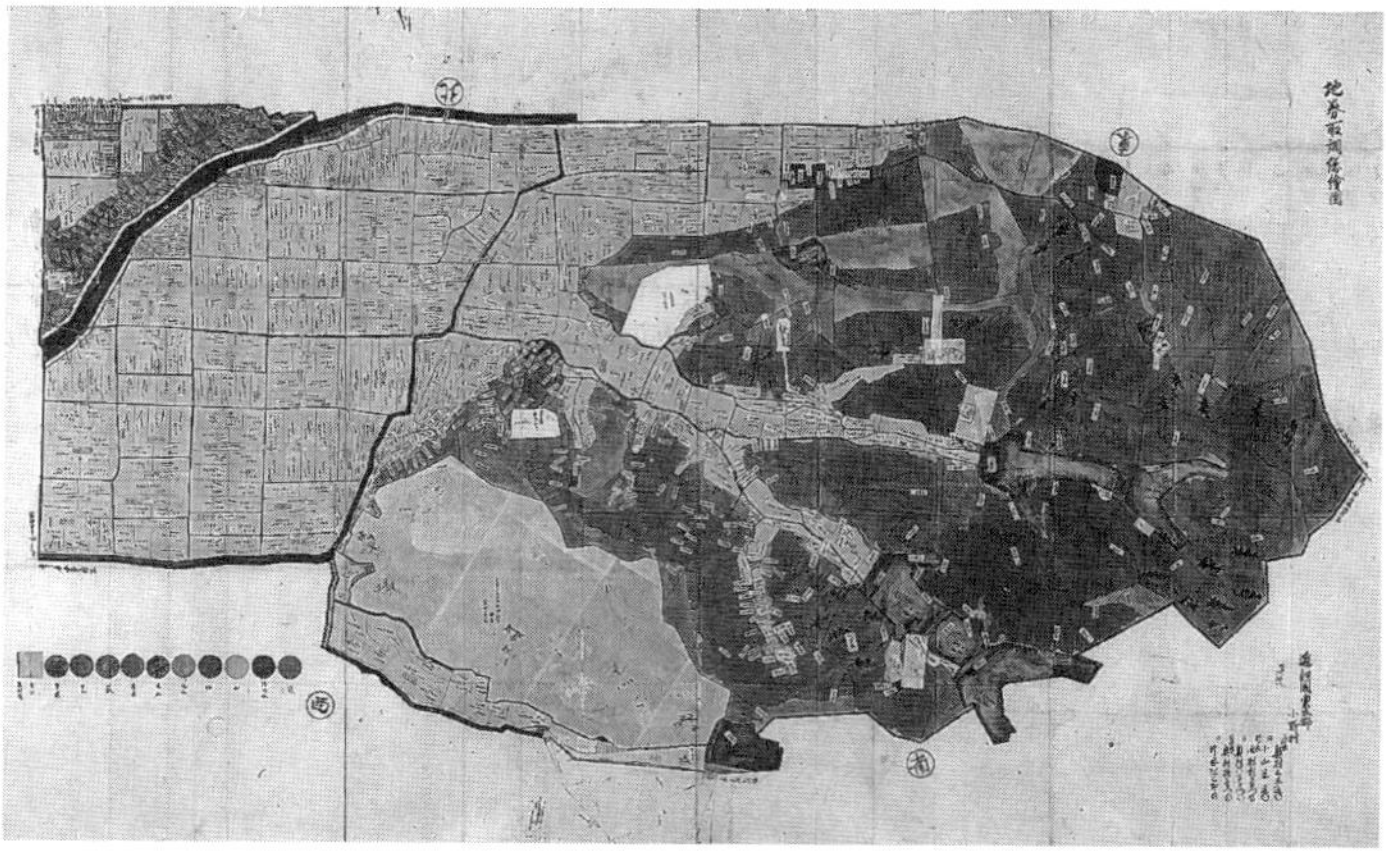

（栗東歴史民俗博物館蔵）

白髭神社のウサギの石像

わりを感じさせる姓が多くみうけられる。また明治時代の地籍図からは、現在の処分場の一帯が、農業用水の水源地として貴重な役割を果たしていたことがうかがい知れる。地籍図には二つの谷筋が描かれているがページの上方に位置する東側の池の先が処分場にあたる。Vの字になっている池は鴨が池といったが、現在は存在しない。この池は、一九七一年より町の一般廃棄物の処分場として埋め立てられた。今残っているのは下流の経堂が池のみである。

2――住民運動の発生と展開

Tjさんの活動に話を戻すことにする。

Tjさんたちは、活動を徐々に活発化させ、やがて一九九九年一〇月九日、トレセンの労組全馬労（全国競馬労働組合）の支援を受けて市民運動団体「産廃処理を考える会」（以下、「考える会」と略）を立ち上げる。こうしたTjさんたちの呼びかけに最も敏感に反応したのは、D・E・Fの集落に住む主婦たちであった。彼女たちは近隣の知人たちを集め「有志の会」を結成し、「考える会」の活動を支援しつつもそこからある程度自律的に活動し始める。この組織はPTA活動を通じて知り合った主に四〇代の主婦層の人々で構成され、彼女たちは後にPTAや教育委員会への働きかけでも活躍する。

こうした活動は、住民ばかりではなくRD社をも刺激した。RD社は、各集落を回って住民に対してガス化溶融炉の説明会を開く。会社側は、この説明会によって住民たちを沈静化させようとしたと思われる。ところがそうした思惑は全く外れ、説明会は地域住民たちの不満が一挙に爆発する場となった。

説明会は、九月下旬からG→B→D→E→Fの集落の順で開かれたが、とくに激しかったのは、序章でもふれたF集落の説明会である。

F集落の住民たちの多くは、すぐ近くに産廃処分場があることを知らなかった。ガス化溶融炉の建設についても、知るのは自治会長と一部の自治会役員のみであった。「有志の会」の活動や「考える会」の活動によって、そのことを知ることになった住民たちは、説明会前に連れ立って、あるいは個人で処分場へ行き、初めて実態を知ったのである。住民たちが目にしたのは、作られつつあったガス化溶融炉ばかりではなかった。敷地境界も曖昧なまま医療器具や金属類が混然となって散乱している最終処分場の有り様であり、排水が異臭を放って泡立つ情景であった。

説明会が、RD社側への批判と質問が集中する場となり、新型炉の説明どころではなくなったことは当然だろう。深夜午前三時まで続いたこの「説明会」は、逆に住民側がRD社の社長に対して処分場に立ち入って土壌や水を検査のために採取することを認めさせる確認書を取りつけて終わる。

産廃処理問題合同対策委員会の結成

この説明会は、結果的に「有志の会」の活動を自治会としての正式な活動に引き上げる効果をもたらした。F集落はすぐさま自治会の臨時総会を開催し、対策委員会を設置することを決定。この動きを知ったD・Eの集落も追随して対策委員会を立ち上げる。D・E・Fの各集落で対策委員会が立ち上がったことを受けて「有志の会」は解散し、メンバーはそれぞれの自治会内組織に吸収された。

F集落の対策委員会は、Tjさんとも連絡を取り合い、A・C・D・E・Gの各集落の自治会に呼びかけて、一九九九年一一月二八日に産廃処理問題合同対策委員会（以下「合対」と略）を結成する。六自治会と一市民団体が結集した住民運動団体の形成である。

「合対」の代表には、当初G集落の自治会長が就任した。これは、それ以外の集落は新住民で構成されていることから、各集落から「合対」委員として選ばれた人たちの間からも「われわれはいわば『分家』。地域を代表するのは昔からある『本家』が筋」という声が多かったからである。ところが、G集落は、二〇〇〇年一月に「合対」を脱会することになる。「脱会届」には、その理由について次のように書かれている。[7]

「産業廃棄物処理場問題（硫化水素発生原因とその対策）については行政の手法に賛同していくことに致しました。又、建設中のガス化溶融炉の運転についても、（中略）公害防止協定、保障《ママ》問題、情報公開等を結んで県と市の指導のもとに私たち住民が安心して生活できる状態であれば問題は無いと判断致しました。さらに今後の合同対策委員会の決議事項に対しての活動と資金の捻出からも検討しました結果、G行政区役員会として不可能と判断致しました」。

この文章だけからではわかりづらいが聞き取った内容も総合すると、①市長の地元であり行政に対立する行動は取りにくかったこと、②農業用ため池の安全性には強い関心があったものの、距離が離れていたこともあり、それ以外の処分場の問題には関心が薄かったこと、③実際上、限られた人数の高齢者リーダーが運営する組織で、活動にさける人的そして物的な資源が乏しかったこと、などが脱会の原因になったものと思われる。

硫化水素の発生

こうした住民側の対応態勢作りが進む一方で、処分場では事件が起きていた。一〇月一一日、A集落の住民の異臭がするという消防署への通報をきっかけにして、処分場から硫化水素ガスが出ていることが判明する。しかし、行政側の対応は鈍かった。そもそも法律は、安定型の処分場から有毒ガスが排出されるということを想定していない。監督官庁である県も初めての経験で戸惑っていた。県は、ガスが出ている箇所を塞ぐ応急処置を施したものの、当初私有地であるという理由で、処分場への立ち入り調査を渋った。ここでF集落の説明会での確認書が効いてくる。結局県は、「説明会」においてRD社が住民側と取り交わした確認書を根拠に処分場内の調査に踏み切ることになった。

県の調査はその後断続的に行われ、場内地下から二〇〇〇年一月に一五、二〇〇ppm、七月には二二、〇〇〇ppmという高濃度の硫化水素が検知される。ちなみに硫化水素の致死量は七〇〇ppm程度と言われているから、驚くべき数値である。以後、埋め立てられた廃棄物の問題は、ガス化溶融炉の問題と絡み合いながら、運動の重要なテーマとなることになる。

運動団体の活動

運動団体の動静に話を戻そう。

「合対」は、RD問題に関して住民側を代表する組織であったが、住民側の活動が「合対」だけであったわけではない。「合対」に加盟する個別団体が独自活動を展開することもあった。とくにF集落の対策委員会と「考える会」は、「合対」結成後も、そしてそれが分裂した後も、かなり積極的に独自活動を行い続けた。

F集落の対策委員会は、専門家からの意見聴取や情報公開制度を利用した情報収集、独自の学習会活動、バザーによる活動資金調達、小学校PTAへの働きかけ、教育長への子どもの安全に関しての対応要望、県内外の廃棄物問題に取り組む団体との交流、知事に対する刑事告発、そして都市計画法違反容疑でのRD社告発などを行った。なかでも目立った成果は、情報公開制度を活用してガス化溶融炉の地盤が一八メートルのゴミの山であることを解明したことと処分場近くにあるRD本社屋の都市計画法違反問題を追及し、業者をそこから立ち退かせたことだろう。

「考える会」も、「合対」としての活動とは別に、次々と様々な専門家を招いて講演会や学習会を行ったほか、市庁舎へのデモ、度重なる署名活動、市・県との交渉と要望書の提出、公害調停における協議、元従業員への聞き取り調査とその証言集の刊行などを行った。「考える会」には、「合対」

が立ち上がるころから、Ｔｊさんの夫である市民運動家で医師とフリーライターの両方の肩書をもつＴｋ氏が運動に加わるようになり、対外的なアピール力は格段と増して行った。

「合対」は、二〇〇〇年二月に、九〇〇名を集める「町民大集会」を成功させ、三月には市内自治会の連合組織である区長連絡協議会を通じて市長と市議会へ要望書を提出。六月には業者の違法操業を解明し有害物を撤去させること等を求める三六、七五三筆の署名を県議会へ提出。厚生省への陳情も行う。七月には県議会に「処分場の実態解明と有害物撤去など適正な処置」を求める請願を行い採択を得る。そして八月には、市に対して住民が参加する環境調査委員会を作らせることに成功する。また、この間を通じて似たような問題を抱える各地の住民運動団体からの視察や交流の窓口になって、その活動の情報を全国に広めて行った。

しかし、住民たちの運動がすべてうまくいったわけではない。ＲＤ社は住民側との直接交渉を拒否したので、住民たちの交渉相手は行政体、すなわち産廃処分場の監督官庁である県と地域住民の生活の安全を託された市にならざるを得なかった。

また「合対」は、市議会へＲＤ社の責任を糾明する請願を出そうと試みたが、その場合の対応についてアンケートに返事を返したのは二〇名中四名の議員だけだった。そして、県が作った硫化水素問題調査委員会は、五月に硫化水素の発生原因は合法的に埋め立てられた石膏ボードと発表、九月には処分場を覆土する対策案を提案した。しかし、この県調査委員会の結論が出るやいなや、住民側は、すぐさま五〇名ほどで県庁へ押しかけ、これは「臭いものは蓋」という安易な解決方法であるとして猛烈な抗議を行っている。

そうした攻防が続いた二〇〇〇年一一月、突如、市の（先述したように息子がＲＤ社の専務を務めている）助役が「合対」へ、ガス化溶融炉を解体撤去するかわりに運動をやめるという斡旋案をもってくる。「合対」はその申し出に取り合わなかったが、二〇〇一年二月になってＲＤ社は、一方的にガス化溶融炉の解体撤去を発表する。住民運動によって焼却炉の稼働のメドが立たないまま、維持管理費だけがかさんでいくことが決断の理由であった。

これによって、いささかあっけなくガス化溶融炉の稼働阻止という住民運動の当初の目的は達成され、住民運動は一定の勝利を収めたのである。

運動の分裂

こうして一九九九年秋に始まった住民運動は、二〇〇一年の春には一応の決着をみる。しかし、住民運動はこれで終結というわけにはいかなかった。

時期的に年度の変わり目でもあったことから、「合対」では、今後の組織の在り方をめぐって話し合いが持たれた。運動の発端となったガス化溶融炉は解体撤去が決まったものの、埋め立て処分された廃棄物からガスが発生しているという問題については未解決であった。また周辺住民からは体調不良を訴える声が根強く、住民に対する健康調査を行政に実施させることが課題になっていた。そうした中で処分場に隣接しガス被害を直接受けるＡ集落の対策委員会からは、運動の継続を求める要望が出された。これを受けて、「合対」は存続を決定する。

ただし、メンバーは大幅に入れ替わることになった。自治会の役員は、通常一年交替が原則である。会長に限り数年継続することが慣例になっているAとEの集落を除いて、各自治会は会長を含めて全役員は一年交替であった。ただし、この問題は特別な事案であったので、自治会から選出された「合対」のメンバーのほとんどは、ここまで交替せずにやってきていた。そうしたメンバーは、これを機に交替することになったのである。

「合対」は、G集落が脱会後、E集落の自治会長だったY氏が代表を務めてきた。Y氏は「合対」委員の中で最高齢であり保革を問わず幅広い人脈をもっていることから適任とされたのである。しかし、「合対」の決定は全会一致を原則としたので、代表の意見が全体に浸透するというよりも、全体の意見を代表が述べるというかたちで運営されてきたと言ってよいだろう。内部での意見の統一は、しばしば困難を極めたが、それでもこれまで何とかやってこれたのは、ガス化溶融炉撤去という共有する目的があったからである。その目的がなくなったとき、「合対」の運動に対する意味づけは構成団体によってバラバラであった。

A集落は「合対」の運動によって自分たちの生活環境の改善、とくにガス問題の解決を期待した。「考える会」は処分場の全容解明、埋め立てられた有害物の全面撤去のための運動を期待した。そして、F集落は地域をより良くすることへの意義を認めたことと A集落の問題は未解決であることから「近隣互助の精神」から「合対」存続に同意したのである(8)。こうしたなかで、自治会から選出された委員の多くが交替したことは、「合対」内部での「考える会」の発言力を相対的に増大させた。そして、目に見える改善を一刻も早く実現させようというA集落の主張は、「安易な幕引きは許さない」という「考える会」の主張に、しばしばかき消され、A集落の不満は蓄積されて行った。

焼却炉問題から埋立廃棄物問題へ

一方、「合対」が市に作らせた環境調査委員会は、二〇〇〇年八月に「合対」加盟の各集落からの委員とそれ以外の自治会から選ばれた委員、四名の専門家で構成されたが、一年経ったころから本格的に機能し始める。二〇〇一年一〇月には生活影響調査によって周辺住民の生活被害を解明、周辺地下水調査によって廃棄物による汚染を確認、一二月には、処分場の地下二メートルで硫化水素以外に一一種類の有毒ガスが発生していることをつきとめる。さらに、二〇〇三年二月には処分場周辺において、基準の一九倍の総水銀、九月には自然界の三五、〇〇〇倍、二〇〇四年七月には四一、〇〇〇倍のビスフェノールA（環境ホルモン）が存在することをつきとめた。こうした活動は、それ以前の県の調査委員会による調査結果とその評価を覆すものであった。

二〇〇一年九月、県は許可区域外に廃棄物が埋め立てられていたことへの制裁として、RD社に対して一カ月の業務停止命令を出す。そして、一〇月には、今後の処分場の問題に対して協議する対策会議を作ることを「合対」に呼びかける。しかし、「合対」はこれを無視。すると県は、年末になってRD社に処分場の改善命令を出す。その内容は、①必要な範囲を掘削し、廃棄物を移動させ、浸透水の流出防止策を取ること、②水処理施設の設置、③A団地側の廃棄物による斜面の後退、④汚水処理のための沈砂池の設置、の四項目である。しかし、①の項目についてはRD社が環境省

深掘穴

に不服申し立てを行うことで、なかなか実施されないまま命令は宙に浮いてしまう。

二〇〇二年に処分場から排出される強アルカリ水の原因物質の撤去が行われ、二〇〇三年末にはA団地側の廃棄物による斜面の後退が始まったが、工事は同時平行ではなく、ひとつひとつ順番に、かつ予定を遅れて行われ、処分場の改善は遅々として進まなかった。

やっと二〇〇四年四月になって、環境省は①の項目についてのRD社からの不服申し立てを棄却し、RD社は一一月に工事を開始する。ところが、この工事が住民側との対立の新たな火種になってしまう。

問題点は三つあった。

第一は、当初滋賀県は、当該個所の廃棄物をいったん全部取り除き、遮水措置をしたうえで埋戻させると住民側に説明していた。しかし、工事の途中で廃棄物をすべて取り除くのは技術的に困難であるとして、廃棄物層にセメントを流し込むという工法を採用した。空隙が多い廃棄物層にセメントを流し込んで遮水することは可能か。県の判断は、それでは遮水効果が疑問だとする住民や専門家の声を無視するものだった。

第二は、県は当初、廃棄物層の下に地下水脈があるとして底面を遮水することで地下水汚染を防ぐとしていた。ところが、栗東市の依頼で工事現場を視察した三人の専門家は、側面の砂層から汚れた水が流れ込んでいることを発見し、側面の遮水をしなければ汚染防止効果は疑問であるとして、栗東市を通じて工法の変更を求めたが、滋賀県はこの要請に取り合わなかった。

さらに、掘り出した廃棄物の埋戻しにあたって、かつて一度処理されたものだとして現行基準を適用せず埋戻させたことにたいして、F集落から、これは不法投棄だとして知事に対する刑事告発を受ける羽目になった。

この処分場の問題は、さらに明らかになる。県が元従業員の証言に基づいて調べたところ、二〇〇五年九月に処分場西側一部の掘削調査でドラム缶が五本見つかり、さらに範囲を広げて調べたところ、一二月にはドラム缶などが大量の木屑等とともに一〇〇本も出て来た。しかし、滋賀県の動きは緩慢だった。二〇〇六年三月、RD社の関連二社が民事再生法の適用を申請すると、あわてて調査箇所の汚染土壌と発見された違法物の撤去を命じる措置命令をRD社とその社長宛に出す。しかし六月にRD社とその社長は、こうした改善工事にかかる費用に耐えられなくなったとして負債、四〇億八〇〇〇万円を残して破産してしまった。

ドラム缶調査

運動団体の再編

二〇〇一年を通じて、住民側と県との闘争の焦点は主として地下水問題であった。市の環境調査委員会がそれなりに機能し始めたこともあって、住民側の矛先は行政体のうち県だけに向けられる。そして、県に対して、処分場の全容解明、埋め立てられた有害物の全面撤去を求める運動が展開された。これは、「考える会」の主張に沿ったものであり、改善命令を引き出すなどそれなりの成果もあったが、「考える会」以外のメンバーにとっては必ずしも満足いくものではなかった。というのも地元の自治会にとってみれば、地下水よりも有毒ガスの問題のほうが切実であったし、解決が長引くことによって地域のイメージが悪くなりはしないか、ということも心配であった。

やがて「『考える会』は原則論に片寄り過ぎている」「『考える会』は『合対』を隠蓑にしている」という声が頻繁に聞こえるようになった。さらに「考える会」が、運動の初期段階から住民側を支援してくれていて、住民たちに信頼の厚かった廃棄物問題の専門家であるS氏とトラブルを起こしたことや、F集落から市の環境調査委員会を発展的に改組させるべきという提案が出されたことに対して、住民参画で問題を解決しようというのは「幻想」に過ぎないとして仮借のない批判を行ったことも内部対立を深めることになった(9)。

二〇〇二年度を迎えるにあたって、A集落とF集落を中心にして、「合対」を「地域再生」をコンセプトにした新組織に再編成しようという提案が出される。処分場のすぐ近くには、市営の健康運動公園の設置が計画されていた。また処分場をかすめる形で国道一号線のバイパスが通ることになっていた。そうしたことを含めて、この処分場とその周辺地域の問題を考える地域住民組織にしようという提案である。しかしこの提案には、「処分場問題はまだ終わっていない」として「考える会」が反発する。結局、A集落の生活環境改善問題を最優先すること、副代表をA集落から出すこと、組織内融和に努めることなどの確認によって妥協がはかられ、いったん「合対」はこれまでのまま存続することで決着する。しかし、これは表面上を取り繕ったに過ぎなかった。九月になってA集落が「合対」から脱会、それを追うようにしてF集落も脱会し、「合対」は四分五裂することになったのである。

四つの住民勢力と市民団体

住民側は、これまで述べてきた紆余曲折を経て、始めから静観を決め込んだB集落、初期に運動から脱落したG集落、後に「合対」から脱会したA集落とF集落、そして「考える会」・C集落・D集落、E集落で構成する「合対」に分かれている。「合対」は県に対して③の「A団地側の廃棄物による斜面の後退」という項目の実施に先立って、処分場を調査することを要求。これは、地下水汚染を重視する市民運動団体のイニシアチブが「合対」内部で確立したことを示すものだったが、この要求にはガス被害や早期の生活環境改善を求めるA集落、F集落が反発して、正反対の要望書提出を行うなど独自の動きが顕著になった。ただし、この工事が終了するとA集落の運動はめっきり減少する。A集落は市の調査委員会に委員を出すことも辞退したので、その後は「合対」とF集落が行政との主な交渉相手となっている[11]。

また二〇〇五年一月には、Tjさんたちは、あらたに「RD処分場から飲み水を守る会」を作る。これは環境問題に取り組む近畿圏の市民運動団体の連合体的組織で、この問題を地下水汚染による琵琶湖や水道水の汚染問題ととらえ、広域的な運動の展開を目指したものだった。

市長・市議会・県知事

政界の動きについて述べよう。二〇〇二年一〇月に行われた市長選挙では、猪飼市長が引退し

（先に述べたように息子がＲＤ社の専務を務める）高田徳次助役が後継者として立候補したが落選。栗東市青年会議所の支援を受けて、それまで全く政治経験がなかった国松正一市長が誕生する。また二〇〇三年四月の市議会選挙では、この運動にかかわった三名の候補者が立候補し、いずれも当選、しかもうち一名はトップ当選であった。国松市長は、二〇〇三年一二月には、産廃処分場へ市が規制を加えることができるように生活環境保全条例を改正するなど、前市長に比較して積極的に問題解決に取り組んでいる(12)。

またＲＤ社が倒産した直後に行われた二〇〇六年の県知事選挙では、マニフェストにおいて、「栗東市のＲＤエンジニアリングの廃棄物処分場の違法投棄には、毅然とした対応がなされず、周辺住民だけでなく流域住民の地下水汚染への不安が増大しています。このような社会的紛争を解決するために、県のこれまでの姿勢をあらため、謝罪します」と書いた嘉田由紀子さんが現職を破って当選した。

3——各主体の相関と時期ごとの特徴

各アクターの相関関係を簡単に示しておこう。

行政側は、環境省（旧厚生省）―滋賀県―栗東市のヒエラルヒーが堅持されていて、栗東市と環境省（旧厚生省）とのルートは事実上閉ざされている。これに対して、住民側は国・県・市に対して自由に連絡をとっている。市民運動団体は、政党や労組と関係をもっているが、革新系の組織に限られる。自治会は、区長会や保守系の議員にもルートをもつ。また、先に述べたように、「合対」は県の内外を問わず他の住民運動団体との交流の窓口になってきた。

専門家は、二つの集団に分かれている。県が作った「硫化水素問題調査委員会」は、環境省(厚生省)の廃棄物問題の委員をも務める国立大学のT教授が委員長を勤め他は公立大学の教授と公立短大の元教授の三人であるが、覆土案を答申した後は事実上、休眠状態である。

市が作った環境調査委員会(正式名称「(株)RDエンジニアリング産業廃棄物処分場環境調査委員会」)は、当初は、住民側から推薦された私立大学のY教授と民間研究所の研究員S氏(前掲S氏と同一人物)、市が推薦した二人の私立大学教授であったが、市から推薦された教授のうち一名は別の公立大学助教授に変わり、S氏も退任して別の公立大学の教授に交代している。また地元と地元以外の住民(自治会長)も加わっており、委員長は、F集落から推薦された住民として筆者が務めている。

住民運動の歴史を振り返ってみると、「合対」が立ち上がるまで、その後ガス化溶融炉解体決定まで、「合対」分裂まで、そして新知事誕生までに分けるのが適当だろう。年月で示せば一九九九年九月まで、二〇〇一年三月まで、二〇〇二年九月まで、二〇〇六年七月までである。それぞれの時期を第0期、第一期、第二期、第三期として、時期毎の特徴を後書きのシナリオとして簡単にまとめれば次のように述べることができる。

第0期。運動グループによる問題の発見。住民や既存組織への啓蒙活動の展開。五期連続の市長のもとで権力構造が固定化していたことで、市長と縁故をもつ企業をめぐるこの問題に対して既存の地域政治システムが問題を回収できず、そこから比較的自由であった新興住宅地の住民の間に運動が広がる。市民運動が住民運動との連携を成功させる。(12)

第一期。市民運動と住民運動との対抗的相補性が機能し、運動が本格化する。情報公開制度を利用した情報収集活動のほか、市民運動団体ルートでの専門家や労組の支援、自治会ルートでの区長会、ＰＴＡへの情宣活動等が功を奏して、全市的な問題認知が達成される。これに対して滋賀県は、処分場改善について専門家に提言を出させ、それを根拠に事態の収拾を図る。しかし、これは失敗。住民側は、逆に県議会で請願を採択させることで問題を県政上の争点に格上げさせるとともに市に調査委員会を作らせることで、県による調査結果を批判する橋頭堡を築くことに成功する。

第二期。ガス化溶融炉が撤去されたこととメンバーの交替によって、市民運動と住民運動のバランスが崩れるとともに両者の利害の不一致が表面化する。その結果、運動体は内部での主導権争いがしばらく続いた後に分裂。県は、ＲＤ社に改善命令を出したことを理由に新たな対応を停止する。一方この問題を契機にして既存の地域政治システムへの信頼が低下したことで、市長による助役への政権禅譲は失敗するとともに、新たな地域政治システムの萌芽が生まれる。

第三期。新市長のもとで、市の調査委員会が運動をリードするようになる。それにともないＦ集落と「合対」以外の運動団体は、活動を沈静化させる。総体として住民運動は、一時の広範な支持を失い、市民団体はそうした状況を打開すべく新たな組織作りを図る。問題解決が長引くにつれて行政責任を問う声が強まる。ＲＤ社倒産とそうした声をひとつの背景にして新知事が誕生し、事態は新たな局面を迎える。

以上が、栗東市RD問題の概要である。運動は現段階（二〇〇六年九月）でも収束しておらず、埋め立てられた有害廃棄物を今後どうするのか、という問題についての結論は未だ出ていない。しかし、問題発生からすでに七年が経過しており、この間のこの問題をめぐる各アクターの対応を整理し、総括しておくことは今後のためにも有用であろう。そこで、次章以降では、現時点で言えることという限定を付した上で、この事例をより深く社会学的に解明して行くことにしたい。

（1）各種行事で、用意された原稿を棒読みする姿が見られたことは多くの人が証言していることである。
（2）二〇〇〇年国勢調査による。
（3）T・jさんは、同じ市内であるが当該地域からは五キロほど離れたところに住んでいる。新聞記事やインターネットで知る限り、彼女は五つの市民運動団体の活動をしている。なお、その後栗東市はRDF方式を断念した。
（4）『滋賀報知新聞』二〇〇〇年九月一四日付。
（5）二〇〇〇年の国勢調査によれば、三五軒の農家の内訳は第一種兼業一戸、第二種兼業一九戸、自給一五戸である。
（6）栗東歴史民俗博物館『小野の歴史と文化』二〇〇一年。
（7）二〇〇〇年一月二一日付「合対」資料。二〇〇〇年二月一九日F集落対策委員会資料。

(8) 二〇〇一年三月一五日付「合対」資料。
(9) 批判の具体的内容については終章を参照されたい。
(10) 第一期ではなく第0期とするのは、住民運動の最初の主体を「合対」と見るからである。啓発の担い手になった市民グループは、組織というには未成熟であり、その機能は議題設定に止まった。
(11) F集落は、「地域環境を守る特別委員会」という組織を作って活動しているが、自治会の下部組織という位置づけなので、本書ではF集落と記載する。
(12) 本書校正中の二〇〇六年一〇月、任期満了に伴う市長選が行われ、初期よりこの問題にかかわり市議選でトップ当選した田村隆光氏が国松市長ともうひとりの候補と争ったが、国松市長が再選された。

第3章　被害の諸相と制度上の要因

問題の処分場は、廃プラスチック類、ゴムくず、工作物の除去に伴って生じたコンクリート破片その他これに類する不要物、ガラスくず及び陶磁器くずの四品目の埋め立てが滋賀県より許可された「安定型処分場」である。埋め立て量は、約四〇万立方メートル。大問題となった豊島産廃不法投棄事件（四七万立方メートル）に匹敵する規模である。

一九九九年一〇月に処分場周辺での異臭騒ぎがきっかけになって、この処分場から硫化水素ガスが出ていることが判明する。この事件によってほぼ完成していたガス化熔融炉は、一度も稼動されないまま解体撤去されることになったのだが、その後の調査によって処分場が地域住民と周辺環境へ多大な負荷を与えていたことが分かった。

この章では、主に栗東市の環境調査委員会による資料を元に、被害の状況について整理して論述する。

1――自然への被害

ガス被害

県の調査では、処分場内の深さ九メートルのところで二〇〇〇年一月に一五、二〇〇〇ppm、深さ二メートルの表層部で二〇〇〇年七月に二二、〇〇〇ppmの硫化水素が検知された。滋賀県は、その対策として処分場からガスを吸引処理する措置をとった。二〇〇一年四月栗東市が県に要請して吸引したガスを調べたところ、一五〇種類のガスが存在していることがわかり、そのうち二七種類は名前を特定することができた[1]（次頁参照）。

市はこれをうけて、処分場内と周辺の住宅地で大気中のガスを調査したが、とくに異常は確認できなかった。これは、地中でガスが発生しても上昇して大気に出にくいこととたとえ大気に出たとしても拡散してしまうためと思われる。

地下水汚染

滋賀県が作った調査委員会は、二〇〇一年五月に地下水について「総じて問題なかった」と発表した。しかし、その後の県と栗東市の調査結果は、全く違う事実を明らかにした。栗東市の調査委員会がまとめた表をみていただきたい[2]（次頁参照）。栗東市の水道水は、約七割を地下水、約三割が琵琶湖の水を利用している。この処分場から北に三キロメートル下流には市水道の水源地がひとつあり、地下水汚染は水道水源に及ぶ可能性もある。

存在が確認できた物質（27種）

	化合物名	分子式
1	エチルベンゼン	C8H10
2	クロロエチレン	C2H3CI
3	シス-1.2-ジクロロエチレン	C2H2CI2
4	p-ジクロロベンゼン	C6H4CI2
5	テトラクロロエチレン	C2CI4
6	テトラヒドロフラン	C4H8O
7	トリクロロエチレン	C2HCI3
8	トルエン	C7H8
9	n-ヘキサン	C6H14
10	ベンゼン	C6H6
11	ジクロロジフルオロメタン（フロン12）	CCI2F2
12	ジクロロフルオロメタン（フロン21）	CHCI2F
13	1.1-ジクロロ-1-フルオロエタン（フロン141b）	C2H3CI2F
14	硫化水素	H2S
15	プロパン	C3H8
16	n-ブタン	C4H10
17	n-ペンタン	C5H12
18	n-ヘプタン	C7H16
19	n-オクタン	C8H18
20	n-ノナン	C9H20
21	n-デカン	C10H22
22	n-ウンデカン	C11H24
23	n-ドデカン	C12H26
24	シクロヘキサン	C6H12
25	1.3-オキサチオレン	C3H6OS
26	トリメチルシラノール	C3H10OSi
27	クロロアセチレン	C2HCI

RD処分場下流域の地下水汚染と全国地下水調査の比較

地下水の汚染 （2001～2004年：滋賀県と栗東市による調査）				環境省全国地下水調査 （2003年度）		
項目	通常または 環境基準	結果	倍率	調査 本数	基準 超過 本数	超過率 （%）
電気伝達率（μS／cm）	通常100前後	3680	34倍			
水温（℃）	通常16～18	28.5				
pH（水素イオン濃度）	環境基準5.8～8.8	4.4～11.8				
COD（mg/ℓ）	通常１～２	58	29～58倍			
ほう素（mg/ℓ）	環境基準1.0	2.3	2.3倍	3919	9	0.2
ふっ素（mg/ℓ）	同0.8	4.5	5.6倍	3934	27	0.7
ひ素（mg/ℓ）	同0.01	0.092	9.2倍	3760	54	1.4
鉛（mg/ℓ）	同0.01	0.048	4.8倍	3689	21	0.6
総水銀（mg/ℓ）	同0.0005	0.028	56倍	3318	1	0.0
カドミウム（mg/ℓ）	同0.01	0.005	0.5倍	3591	0	0.0
ダイオキシン類 （pg-TEQ/ℓ）	同1.0	14	14倍	1200	0	0.0
ブスフェノールA （μg／ℓ）	自然河川0.01	410	41000倍			
シス-1, 2-ジクロロエチレン(mg/ℓ)	環境基準　0.04	0.088	2.2倍	3901	7	0.2
ベンゼン（mg/ℓ）	同0.01	0.004	0.4倍	3590	0	0.0

［電気伝達率］（水の電気の通しやすさを表す量で，塩類が多いほど電気が流れやすく高い数値になる）
農業用水基準300　μS（マイクロジーメンス）/cm
［COD］（化学的酸素要求量，水の汚れを表わす指標）
安定型処分場浸透水基準　40mg/ℓ，農業用水基準：６mg/ℓ
湖沼環境基準AAA類型（琵琶湖）：１mg/ℓ

ため池と水生生物への影響

処分場の北側には経堂が池という農業用のため池がある。この池の水の電気伝導率は四〇〇〜六〇〇μS／cmと高い値を示している。

また、この池の水生生物を調べたところ、処分場に近い地点と遠い地点とで、明らかな違いがみられた。すなわち、処分場に近い地点では、ミミズ類とミジンコが少なく、貝の死骸が多く見つかった。

また人工物も処分場側で比較的多く発見され、処分場が池の生物の生息環境に影響を与えていることが確認された(3)。

2——人間への被害

健康被害

処分場に近いＡＢＣの集落の住民二九五名に行った健康調査によって、以下の項目で統計的に有意な自覚症状の訴えが確認された。頭痛、頭が重い、めまい、立ちくらみ、体がだるい、食欲がない、喉が乾く、胸やけがする、吐き気がする、胃が痛む（空腹時）、胃が痛む（食後）、下痢、息切れ、息苦しい、胸が痛い、咳が出る、痰が出る、耳鳴り、腹痛、動悸(4)。

ただし、ＡＢの集落の住民にたいして、鉛、カドミウム、マンガンについて血液中または尿中の濃度を測定し、希望者には血液中のダイオキシン濃度も調べたが、すべての受診者について正常範囲内であった(5)。

健康被害として少なくとも確かなことは、処分場が心理的ストレスの源になっていたことである。こうした被害は、処分場の操業が停止したことによって、時間が経つにつれ、客観的にも主観的にも潜在化していくと思われる。

生活被害

ＡＢＣの集落の世帯・事業所を対象に行った生活影響調査によれば、処分場からの煤煙や臭気による影響は一九九一年頃から発生していた。なかでも一九九五年頃がもっともひどかったようである。騒音による被害、動植物への影響についても、この頃から指摘する声が多い。被害の実態について聞き取った声のいくつかを紹介しておく。(6)


「越してきてからずっと砂ぼこりがひどく、床が黒っぽくなったりする。雨が降った後にカラッと晴れると臭いがきつくなる。飼っていた犬が死んだ」。

「毎年夏にひどくなる。洗濯物も外では干せない。植物の葉が変色した」。

「車や植木、雨戸等が黒くなった。車は白が黒に変わるくらいで洗っても落ちなかった」。

「処分場方向の窓が異常に汚れた。車に白い灰が付着したこともあった。以前から生ゴミが腐ったような臭いがすることがあった。昼夜問わず重機を動かす音がした。子どもが寝付かず困った」。

「ブレーキの音や交通整理の人の声が家の中まで響く。地響きで眠れない時もある」。

「臭いは夕方から夜にかけてひどいときがあった。薬品の臭いがしたり、頭が痛くなるようなときもあった」。

「硫化水素のことがあってから朝、煙草を吸って風向きを確かめている。処分場からの風があるときは家の窓を全部締め切る。水たまりのところでイタチと猫が死んでいたのを見た」。

「網戸や車がタール状のもので汚れたことがあり、RDが清掃業者を派遣してきた。臭いは雨の後がとくにひどい。ふだんは慣れてしまっているが、長期不在にして帰ると感じる。小鳥が半年でなくなった。植えた花がすぐ枯れたことが二、三年続いた」。


煤煙は、A集落C集落で七割、B集落で四割の対象者が、「あった」としている。臭気は、B集落C集落で六割程度であるが、A集落では八割を越える対象者が指摘している。騒音は、A集落六割、B集落三割、C集落二割の対象者が指摘している。

被害は、こうした物理的なものに止まらない。社会的被害というべき、人間関係上の問題を訴える声も聴かれた。次にそれらについて紹介しておこう。


「孫が来ても近くの公園に連れ出すこともできない」。

「友人が遊びに来ない。水やお茶を出しても飲むのを嫌がる」。

「『○○からお嫁さんをもらうのはやめておいた方がよい。どんな子どもが産まれるかわからん』という話が噂になっているらしい。自分にも娘がいるので心配」。

「遊びに誘った人に『お宅のまわりはこわい』と言われた」。

「家庭菜園で作ったトマトを配ろうとしたら『○○でできたものは食べられない』と断られた」。

「処分場の近くに住んでいることで友人からいろいろ言われる」。

「友人に白い目で見られることが度々あり、住所を言わないようになった」。

「土地住宅購入をめぐる親子間、夫婦間のトラブルを耳にすると心が傷む。引っ越していった人もいるようだ」。

「近所で落書きがあったり後をつけられたりしたことがあった。いやがらせではないかと疑っている」。

「子どもたちが外で遊ぶことができない。友達を呼ぶこともRDの近くに住んでいる事を知っているので無責任にはできない。心理的にとても重い」。

「一生をかけて建てた家なのに親戚の人から『ゴミ捨て場の隣に建てた』と言われたときにはショックだった。不動産屋は処分場は公園になると言っていた。今は同情されるので住んでいるところを言わないようにしている」。

「よそに住む親戚から『ようそんなところにいるわ』と言われたときはつらかった。黙っていると『お前のとこ何かもらっていい思いしているからだろう』と言われる。後ろ指さされることはしていないのに、腹立たしく悲痛な思いだ。心が小さくなる。身を切られるような思いだ」。

いずれも切実な声である。ただし、この問題を積極的にとらえる意見も聴かれた。それらも紹介しよう。

「地価は下がり、資産価値は打撃を受けたが、人間の価値、たとえば住民の環境意識や連帯感などは逆にあがったと思っている」。

「新炉建設をめぐる動きの中で、住民とRDの板挟みのような感じになり、苦労した。ただこのいざこざをきっかけにして、学習会が開かれたり、みんなが立ち上がって活発に話し始めるようになったことは良かった。やはり環境問題は知らん顔して避けて通れない、ということだ」。

「住民運動には、もめごとや意見の対立は日常茶飯事で、脅されたり首をつかまれたりしたこともある。運動を始めてから離れていった友人も何人かいて失った部分もあるが、それ以上に得たものも大きかった。本当に信頼できる人とのつながりを保てたわけだから、何が大切か見極められるようになった」。

被害は、調査対象の三つの集落に限らない。G集落では、収穫した米をカントリーエレベーターに入れるのを拒まれたとか、実際的な被害と風評被害を恐れて作物の耕作自体をあきらめたという声も聞かれた。またG集落の農家は、問題が発覚してから経堂が池の水を農業用水として利用することを自粛し、別の水源を使っている(7)。

これらのほかに、今後予想されている被害もある。

ドラム缶など，土壌中（含有試験）の有害物質など

有害物質など	環境基準	ドラム缶内	周辺土壌
ダイオキシン類（pg-TEQ/g）	1000	2200（2.2倍）	1200（1.2倍）
PCB（mg/kg）	—	1.2	
鉛（mg/kg）	150	540（3.6倍）	1000（6.7倍）
コールタール	—	多量	
油分（mg/kg）n-ヘキサン抽出物質として	—		18000

＊数値は，測定された最高値。

ドラム缶周辺浸出水（全量・ろ過前）

有害物質など	環境基準	ドラム缶内
ひ素（mg/ℓ）	0.01	0.019（1.9倍）
鉛（mg/ℓ）	0.01	0.86（86倍）
総水銀（mg/ℓ）	0.0005	0.001（2倍）

＊数値は，測定された最高値。

経済的被害

問題発生の当初から、ドラム缶を処分場内に埋めたとする元従業員の証言が知られていたが、この証言に基づいて二〇〇五年九月と一二月に、県がＲＤ社に命じて処分場西側平坦部を掘削調査させたところ、ドラム缶一〇五個、一斗缶六九個、ポリタンク一個が出て来た。缶の中身は、油状の液体が固まったものやコールタールのようなもの、焼却灰と思われるものだった。その後、県が発表した調査結果では、ドラム缶と周辺土壌から、上の表に示すとおり、ダイオキシンや鉛などが基準値を超えて検出された。その後、ＲＤ社は破産してしまったので、県はドラム缶を代執行で撤去することにした。費用は約二〇〇万円。改善命令によってＲＤ社に作らせた水処理施設の運転費用も必要であるが、その金額については負担先も含めて未定である。

ドラム缶を埋めたとされる場所は、今回の個所以外にも指摘されている。今後の処分場の調査と改善のために

は、国と県と市の税金から相当な金額の支出が不可欠になる、と予想されている。

3——処分場における不法投棄

この事件は、行政によって廃棄物処理を許可された処分場で起こった。ここでは、行政の問題をいったん棚上げしたうえで、このことがもつ特有の問題性について、廃棄物処理にかかわる制度の観点から論じることにする。

まず、事件発生を可能にした要因として、廃棄物処理業の免許問題、埋立許可品目の問題を指摘する。次に問題の早期発見と早期解決を困難にした要因として、事後検証の難しさ、基準の不在、そして環境問題における時間の問題について述べよう。さらに最後に望まれる説明責任について考える。

免許集中の危険性

RD社は、県より産業廃棄物の収集・運搬、中間処理、最終処分の免許を得ていた。また、市より、一般廃棄物の収集・運搬の免許を得ている。処分場は破砕や焼却を行う中間処理施設と安定型の最終処分場とを兼ねており、当該企業はこの処分場とは別に三重県に管理型の最終処分場を有している。関連企業には、ペットボトルのリサイクルを行う別会社もある。このように一事業者にさまざまな廃棄物処理の免許を与えるのは、大変危険なことではないだろうか。

病院等から集めた感染性廃棄物は、本来ならば焼却あるいは熔融などの中間処分をしたうえで管理型最終処分場に埋めなければならない。しかし、もし業者に悪意があれば、中間処理をせず、管理型ではなく安定型の処分場に埋め立てるであろう。省略した工程にかかるコストは、まるまる利益になる。

私は、以前「タウン・ミーティング」で栗東に来た川口順子環境大臣（当時）に、この点を質したことがあるが、「許可集中は技術的なノウハウをもつうえでプラス面もある」という返答であった。[8] これが環境省の方針ならば最低限、業者が不正を行わないように厳正な監視が必要である。

安定品目という虚構

「なぜ安定型というふうに名をつけたのかちょっと不思議に思うくらい、不安定型処分場といってもいいんじゃないかと思うぐらいに現状はお寒い情況がかなりあるように見受けられます」[9]。

これは、一九九七年に小泉純一郎厚生大臣（当時）が国会で行った発言である。これは一九九六年に環境庁が全国の安定型産廃処分場から八二カ所を無作為に選んで調査したところ、重金属や発がん物質が三〇カ所（三六％）で見つかったことを踏まえてのものだろう[10]。

こうした事実の認識があるのならば、栗東の事件が起きる前に何か打つ手はあったのではないかとも思うが、そもそも安定型処分場の問題は、実際には安定品目以外の廃棄物が埋め立てられているという問題ではなくて、そもそも「安定」とは何かから議論する問題ではなかろうか。

国が認める安定品目は、冒頭に掲げたこの処分場の許可品目に金属くずを加えたものであり、これらは遮水や防水をしなくてもよい素掘りの穴に埋め立てられることになっている。しかし、これらは安定したものであり、半永久的に環境に害を及ばさないものなのか極めて疑問である。

金属は錆びるし、プラスチックやゴム、コンクリートは劣化してボロボロになることぐらい、小学生でも知っていることである。しかも、プラスチックからは、可塑剤、抗菌剤等として使われた様々な物質が溶ける可能性があり、そのなかには環境ホルモンと言われているものもあることは、いまや広く知られている。もはや私たちは、ゴミを「土に返す」「水に流す」というような素朴な処理をして、すますようなことが許されない時代に生きていることは明らかである。しかし、現在の日本の法律は未だそういう現実に追いついていない。

事後検証の困難性

この事件のように、山林など処分場でないところに不法投棄が行われたのではなく、廃棄物を埋めることを許可された処分場に不法な投棄が行われた場合、それを事後的に証明するのは極めて難しい。なぜなら処分場に廃棄物があるのは、当然のことであり、その廃棄物には、いつどこからきたもので、いつどのようにして処分されたものなのかが書かれているわけではないからである。

たとえば、この処分場からは点滴の薬品袋や溶剤が入ったポリ容器が見つかっている。いったん使用された点滴薬品袋ならば、感染性廃棄物であり違法な処分であるが、もし不良品として使う前に捨てられたのなら、ただの廃プラスチックであり合法ということになる。またポリ容器に入っていた溶剤が廃棄されたときには液体だったとしたら違法だが、その時点ですでに固化していたら合法である。だから、処分場内でこれらの廃棄物が見つかっても、「違法性は断定できない」として県は動こうとしない。しかし、ならばだれが不法投棄を知ることができると言うのか。

埋め立ててもよいものの基準は、法律の改正の度に厳しくなっている。しかし、処分場は何度も改変され、古い廃棄物と新たに持ち込まれた廃棄物が交じり合わされている。新しい基準で埋めなければならないものも、昔のものと一緒にしてしまえばわからなくなる。そのうえ、たとえそれが見つかっても、まだ「救いの道」は残されている。「まぎれこんだ」と言えば良いのである。実際、A集落側の廃棄物を後退させる工事では、木屑や鉄骨、タイヤのホイールなど違法な埋め立て物が見つかったが、県は、それらは全体からすればたいした量ではなく、まぎれこんだものと思われる、という解釈をして業者に寛容な態度を示した。

基準の不在

廃棄物に関する法体系において、安定型処分場は、有害なものが埋め立てられることはなく、安全なものだという前提の下で作られている。したがって、処分場内の土壌や地下水に含まれる有害物を規制する特別の基準は存在しない。環境基準、農業用水基準、土壌汚染対策法の定める基準、あるいは一般的な数値を援用して、問題を把握せざるをえない。このこと自体は、汚染の把握にたいした問題ではない。いずれの基準にしろ、異常値は明らかだからだ。問題は、ありえないことが起きた後の対応である。行政は、法律や政令で定める基準を「武器」にして業者を指導する。ところが明確な基準がないと強制力の曖昧な行政指導にならざるをえない。このことは、最初に処分場から硫化水素が発生していることが確認されたときから問題になった。もちろん行政には業者にたいして「生活安全上の措置」をとらせる権限はあるが、そのような曖昧な規定でどこまでできるのか、行政は頭を悩ませる。そして指導を躊躇する。住民にとって、これはとても不思議なことであるが事実である。

残念ながら、今の行政組織は、住民の生活を守るという大きな目的よりも法律を順守させるという目先の目的の達成を考えることに慣れきってしまっている。それゆえ、本来発揮すべき、そして住民が期待する勇気も決断力もないのである。

時間との戦い

この問題は、地域の住民たちに多大な苦痛を与えた。しかし、この事件では誰も刑事責任を問われていない。また民事裁判での損害賠償請求も起こされていない。環境破壊に対して、悪いことをした者が特定されず、税金によるつけ払いだけが予想されるという事態が生れた。それはなぜなのか。

刑事責任が追及できなかったのは、そのためには処分場の本格的な調査が不可欠であったが、県はそれをしようとしなかったからである。県の言い分は、確たる証拠がなければ、私有地である処分場に立ち入っての捜査はできないというもので、疑惑は疑惑のままで無為に時が過ぎて行った。不法投棄の時効は五年である。違法な埋め立てを行ったとしても、五年の間、当局に尻尾をつかまれなければ刑事罰が免れるという制度は、悪質な犯罪を許していると言えまいか。

住民側としては、民事裁判に訴える方法もあった。しかし、被害の因果関係を証明するのには多くの労力がいる。また被害者というレッテルを受け入れるにはそれなりの勇気も必要である。県や市がそれなりの住民対応と業者への指導をしたこともあって、これまた多くの時間が過ぎた。そのうちに、ＲＤ社とその社長は破産してしまい、民事裁判で損害賠償を得る可能性も、またほとんど無くなってしまったのである。

環境汚染は、すぐ明らかになるものばかりではない。健康被害も、急性のものと時間が経ってから発症するものがあることは良く知られている。さらに本人ではなく、世代を越えて発症するものもある。環境を汚すという犯罪は、長期にわたって被害を及ぼすものだという基本認識の下に、犯罪の抑止と救済のしくみを根本から再構築すべきだろう。

知らされなかったリスク

この問題は、ガス化熔融炉の建設を契機にして起きた。さいわい、この新型焼却炉は稼働を阻止させることができたが、それまでの間、近くの山にそびえ立つ大型の施設は、日々地域住民にとって不安の種であった。

現在、日本各地でこうした廃棄物施設の建設反対運動が起きているが、それは当然のことである。建設推進側は、いつも安全性を強調する。しかし、過去の事例は、それが所詮、確率の問題であり、安全という言葉に「絶対」という形容詞は存在しないことを示している。自分が住む地域に問題施設の建設を受け入れることは、リスクを背負うことを意味することがわからないという住民は、まずいないだろう。もし、建設推進側が誠実に地元住民と向き合うつもりがあるならば、第一に、その施設が住民に押し付けようとしているリスクを情報開示すべきである。

こういうと、環境アセスメントを行えばよいのか、と誤解されるかもしれない。そうではない。従来行われている環境アセスメントは全く不十分である。それは良く指摘されるように、アセスメントが建設の免罪符になっているという現実があるからばかりではない(11)。また、欧米で行われているような、計画段階から代替案の検討をも組み込んで行われる「戦略的アセスメント」になっていないからというのでもない(12)。何より従来型のアセスメントが、その施設が問題なく稼働していることを前提として、大気汚染、水質汚濁、騒音、振動、又は悪臭など生活環境への負荷を予測するものに過ぎないからである。

そうではなくて、その施設が事故を起こした場合の被害の規模と程度について、考えられるいくつかの条件に応じてできるだけ予測し、それを正直に開示する必要がある。もちろん、あらゆる場合を想定することはできないのは承知している。しかし、過去にどのような事故が起きて、どのような被害が生まれたのかは明示できるだろう。そして、事業者側は過去の事例をどのように教訓にしているのかを説明すべきである。自動車会社が消費者に対して車の衝突安全性検査の結果を開示するように、施設を作る側には被害者になるかもしれない地域住民に対してリスクアセスメントの説明責任があるのではなかろうか。リスクを住民に開示し、それによって地域住民の納得が得られないのであれば、やはり建設は控えられてしかるべきである。[13]

この処分場は、多くの周辺住民に何の説明もなく開設され、拡張されながら操業が継続された。煤煙と騒音によって、この処分場が周辺住民に深刻なストレスを与える存在であったことは、健康調査における問診の結果から明らかである。そればかりでなく、住民には見えない地中で、ガス発生と地下水汚染が広がっていた。そして問題が発覚した後、住民たちは、社会からの同情、憐憫、偏見のまなざしを受け止めざるを得なかった。

このようなリスクは、住民の誰もが予想だにしなかったことだろう。こうしたリスクは、本来開発以前の段階で住民に対して開示されねばならない。

そびえ立ったガス化熔融炉という巨大な構造物は、地域社会が抱える潜在リスクを図らずも顕在化させたのである。

（1）（株）ＲＤエンジニアリング産業廃棄物最終処分場環境調査委員会（第七回）資料。
（2）「株式会社ＲＤエンジニアリング産業廃棄物最終処分場に関する経過報告」栗東市環境経済部産業廃棄物対策室、二〇〇六年八月一日。

（3）「経堂池水生底生生物調査報告書」株式会社京都自然史研究所、二〇〇一年三月。
（4）「健康調査票のまとめ」財団法人京都工場保健会、二〇〇三年七月。
（5）「健康調査結果報告書」財団法人京都工場保健会、二〇〇三年一二月。この検査結果と後に述べる社会調査の結果を勘案すると、処分場は地域住民に心理的な面で負担となっていると判断できる。しかし、こうした心の問題は、物理的被害と違って行政等からは理解されにくい。
（6）「(株) RDエンジニアリング産業廃棄物最終処分場周辺生活影響調査報告書」滋賀大学産業共同研究センター、二〇〇一年九月。
（7）農業センサスによれば、G集落の耕地面積は、一九九〇年二八〇二アール、一九九五年二五五八アール、二〇〇〇年二三〇五アール、二〇〇五年二〇五五アールと減少傾向にある。都市化と経営者の高齢化にこの問題が追い打ちをかけたとみることができる。
（8）『読売新聞』二〇〇一年一〇月七日付。
（9）参議院厚生委員会平成九年四月一七日。
（10）『読売新聞』一九九六年一一月二九日付。
（11）梶山正三『廃棄物紛争の上手な対処法――紛争の原因から解決の指針まで』民事法研究会、二〇〇四年、四八四頁。
（12）戦略的アセスメントについては、柳憲一郎「政策アセスメントと環境配慮制度」『増刊ジュリスト・環境問題の行方』有斐閣、一九九九年、六二～六九頁。
（13）廃棄物処理法は、一九九七年の改正により、処分場の許可申請に際しては生活環境影響調査をすることになり、住民はその段階で意見書を提出できることになった。しかし、それは処分場建設を阻止する効果をもつものではない。この点については下記の論文参照。阿部泰隆「環境行政と住民参加」『増刊ジュリスト・環境問題の行方』有斐閣、一九九九年、七六～八一頁。

第4章　自治会による住民運動

1——自治会と市民運動団体

この住民運動に特徴的な点は、自治会と市民運動団体との間で、協調と対立が見られたことである。

長谷川公一は、住民運動と市民運動の違いについて、次頁の表のような簡潔明瞭な指摘をしている。この指摘は正鵠を射ており、本件の場合にもほぼ妥当していると言ってよいだろう(1)。ただし唯一、当該事例においては、関与特性の項目はあてはまらないことを指摘しなければならない。この問題にかかわる市民運動団体である「考える会」の活動は、「支援者的関与」というレベルを越えていた。むしろ「考える会」は当初より一貫して「支援者」というよりも「当事者」として運動にかかわってきたと言うべきだろう。

住民運動と市民運動の基本的性格

	住民運動	市民運動
行為主体 a）性格 b）階層的基礎	 利害当事者としての住民 一般市民，農漁民層，自営業層，公務サービス層，女性層，高齢者層	 良心的構成員としての市民 専門職層，高学歴層
イッシュー特性	生活（生産）拠点にかかわる直接的利害の防衛（実現）	普遍主義的な価値の防衛（実現）
価値志向性	個別主義，限定主義	普遍主義，自律性
行為様式 a）紐帯の契機 b）行為特性 c）関与特性	 居住地の接近性 手段的合理性 既存の地域集団との連続性	 理念の共同性 価値志向性 支援者的関与

これは、すでに第1章で述べたように、環境社会学の主要理論の一つである受益圏・受苦圏論の限界を示す事例だとも言える。すなわち、受苦圏と言っても、それを客観的に規定することは、それほど簡単ではないことがある。

先述したように「考える会」は、RDF方式による環境センターの改築反対運動から生まれ、ガス化溶融炉の稼働反対、地下水汚染防止とテーマを変えて活動して来た。県内には他にRDF製造施設もあるし、ガス化溶融炉建設問題も、そして地下水汚染問題もある。しかし、「考える会」はそうしたテーマを追及することはしなかった。「考える会」は、栗東市の廃棄物問題に執着し続けた。つまり「考える会」の人々は、基本的にはRD問題を栗東市民の懸案としてとらえている、と言ってよいだろう。これに対して自治会は、この問題を自分たちの地域の問題としてとらえる。地域とは、この場合、せいぜい小学校区程度の広さの範域である。自治会の人々にとってRD問題は、何よりも地域社会の危機なのであり、そうした認識が自治会として活動することに正当性を付与している。

両者はともに受苦を訴えるのだが、一方は栗東市民としてであり、他方は地域住民としてなのである。とはいえ、「考える会」の訴える受苦は焼却炉が事故を起こす恐れや水道水の汚染懸念という今後起こり得る事柄、つまり観念的なものであり、自治会の訴える受苦は健康被害や交通問題、地価下落など現に今起きている事柄か起きることが確実な事柄、つまり現実的なものである。

基本的には「考える会」は普遍主義的な目標に結集した市民運動の性格、自治会は個別主義的な住民運動の性格をもっている。言い換えれば、「考える会」の運動目標は価値実現に重点をおくものであったのに対して、自治会の運動目標は生活防衛に重点をおくものであった。ただし、「考える会」の普遍性はせいぜい市域に限られる。したがって「考える会」は、住民運動的性格も部分的に有す限定的な市民運動団体と見なしてよいだろう。

「考える会」の活動は、地元自治会を大いに刺激し自治会が運動に立ち上がらせるのに貢献した。それればかりではない。自治会として積極的な取り組みを控えたB集落やG集落、あるいはその他の集落に住みながら、この問題に関心を寄せる人々の受け皿になって、運動の幅の拡大に貢献した。ただし、運動の進め方という点では、自治会とは明らかに違う特徴をもっていた。

運動目標と運動スタイル

まず運動スタイルという点からみると、自己組織を中心に考える指向と他集団との協調を図ろうとする指向という二つの指向性を指摘できる。「考える会」が自己組織中心性をもつことは、三つ

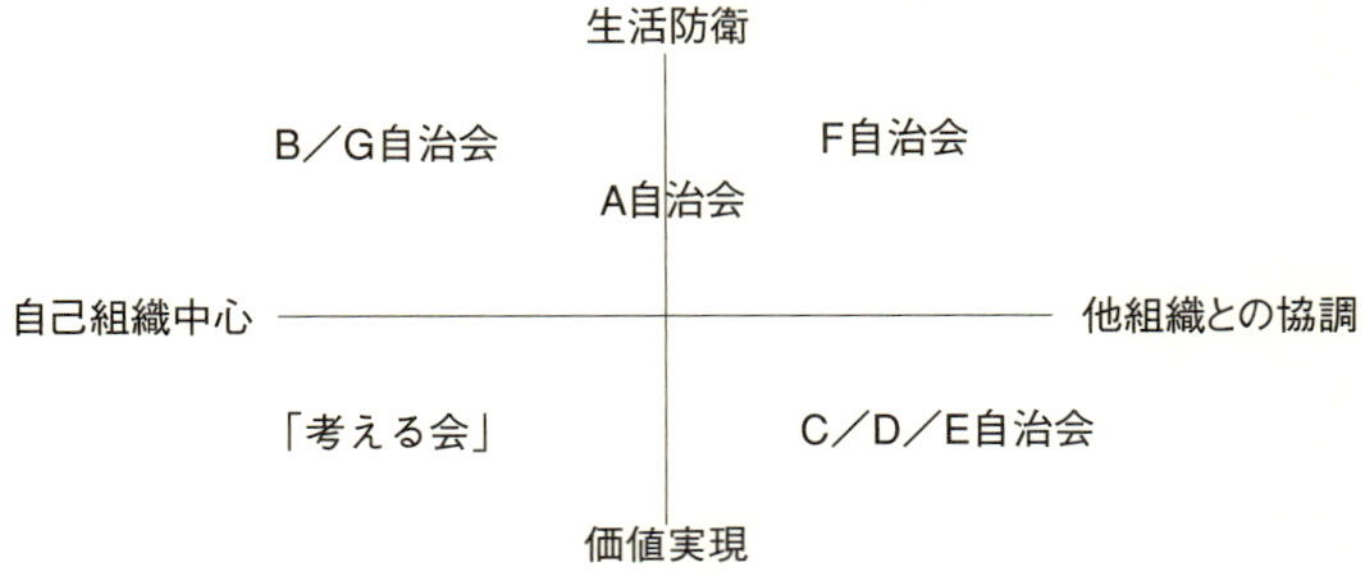

の自治会が脱会するにあたって何の対応も取らなかったことや県に住民参加の対策委員会を作らせることに反対したことなどに見て取れる。これにたいして、「合対」に残った自治会は、個人的または組織的に、脱会しようとする自治会を引きとめたり協議の道を残そうとしてきたし、県に住民参加の対策委員会を作らせることにも反対しはしなかった[2]。ただし、G集落、A集落の自治会のように、最終的には独自の利害を優先させたところもある。

運動目標と運動スタイルを縦軸と横軸にして、各団体の行動原理を整理すると上のようになる。自治会は、本来的には生活防衛を目的とする組織である。にもかかわらずC・D・Eの集落の自治会は生活防衛ではなく価値実現の指向性を強めている。これは「考える会」によるインボルブメント（巻き込み）の結果であると言ってよいだろう。こうしたインボルブメントが成功した要因としては、これらの自治会では、第一に「合対」で活動する委員が固定していたこと、第二に自ら提案して行動するのではなく、他団体からの提案を受けて判断行動するという非主体的活動をしてきたこと、第三に処分場から一定の距離があり切迫した危機感が少なかった点をあげることができる。

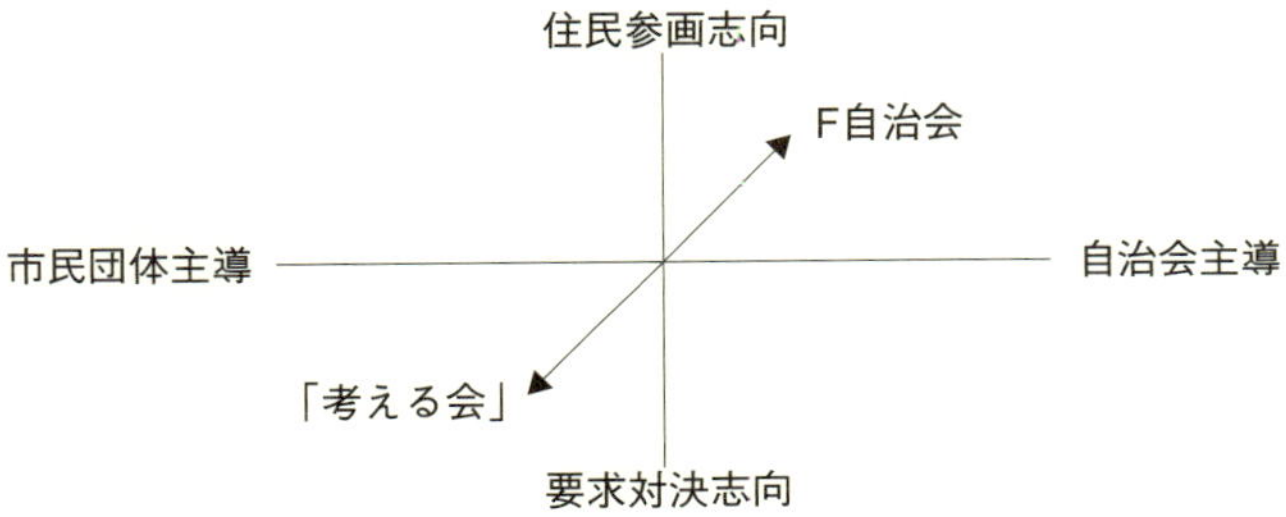

また「合対」の運動方針のバリエーションについては、上のような図を描くことが可能であろう。第一期には、「合対」は自治会主導のもとに住民参画で解決を図ろうとしたＦ集落の主張と、市民運動団体が指導する下で行政と対峙し要求して解決を図ろうとした「考える会」の主張を両極にして、その他の自治会が緩衝役となって、活力ある運動が展開された。この二つの団体が「合対」の運動をリードしたと言ってよい。このバランスが崩れたのが第二期であった。ただし、「合対」分裂後の第三期も、運動全体としてみればこの構図は基本的に変わっていない。

2——自治会という地域集団

市民運動にかかわる人の中には、自治会を古い権威と地元のしきたりを墨守する制度であり、民主主義と個人の自由が尊重される現代社会にはふさわしくないものだと考えている人もいるように思う。しかし、この事例のように、地域問題が発生したとき、その解決のために自治会が立ち上がった例はいくらでもある。またこの事例をみても、自治会の協力なしにガス化熔融炉の稼働を阻止することが可能であったかは、はなはだ疑問である。住民運動における自治会の役割を正しく認識するためにも、以下では、自治会の歴史について振り返りつつ、自治会という地域集団の特徴を整理してみよう。

町内会から自治会へ

現在の自治会のルーツをいつの時代に求めるべきなのかについては、江戸時代の隣組にもとめる説やそれ以前の時代に求める説など諸説あるが、研究者が一様に認めるのは、一九四〇年内務省訓令にもとづき、戦争遂行のための末端組織として「町内会」が整備され、戦後は一九四七年連合軍司令部（GHQ）の命令によって廃止しされ活動を禁止されたが、一九五二年の独立により、その多くが「自治会」という名称のもとに漸次復活したという事実である。

まず、確認したいのは、町内会は戦後一時期、民主主義社会にふさわしくない地域組織と見なされたと言うことである。連合軍司令部は、町内会を廃止する一方で、社会福祉協議会をつくるように指導した。つまり、世帯単位で半ば自動的強制的に参加する地域組織ではなく、個人単位で自由意志に基づいて参加するアメリカ型の地域組織を日本に持ち込もうとしたのである。

しかし、この試みはうまくいかなかった。それは、社会福祉協議会が行政の指導によって官的性格の強い組織として日本社会に定着すると同時に町内会が住民の自発的意思によって自治会として復活するという皮肉な結果となったのである。

町内会＝自治会の評価

『都市問題』一九五三年一〇月号は、「市民組織の問題」という特集を組んだが、高田保馬、鈴木榮太郎、奥井復太郎、磯村英一が論を寄せている。この特集号は、日本の都市社会学の第一世代である彼らが、当時町内会をどのように考えていたのかがわかって大変興味深い。

この四人のうち、もっとも否定的な見解を明確にしていたのは鈴木榮太郎である。彼は、都市住民の生活の基礎は世帯と職場であり、「世帯を単位とし地区的に構成される半強制的集団」である前近代的な地区集団と「個人を単位とするもので任意加入の多種多様な目的をもった」「近代都市をにぎやかに飾っている」生活拡充集団は、都市における第二次的集団だという。そして、都市が近代化すれば、地区集団の機能は職域集団にとってかわられるとし、他方、生活拡充集団は「しょせんは堅実な日々の正常な生活の余力から生まれた浮動的余暇的団体」だとして切って捨てる。最後には「隣組、町内会のごとき制度のごとき強制的施行は文明の方向とも都市発展の方向とも逆行する措置である」と断じている。(3)

磯村英一も、町会・隣組の集団について「少なくとも大都市においては」、という留保をつけながらも「必要のものであるという理論的根拠を見出すことは困難」だという。なぜなら、大都市の社会は複合社会で、形態的には地域共同体的結合の基礎をもっているが、実際はその中に近代的利益的集団関係がきわめて密接な関係においており込まれており、地域のみに限定された生活をしていないのであるから、そのような地域的形態のみをあらためてとりあげるのは都市の自然の発展の傾向からすれば明らかに逆行であると言わざるをえない」からである(4)。

奥井復太郎の見解は、前二者とは異っている。彼は「近隣集団の組織化」そのものには一定の必要性を認めている。「多くの人々が職場と生活居所との分離を蒙り、勤人・労働者化している現代大都市において近隣社会の壊滅が原則的である」ことは疑えない事実である。しかし、日常生活の必要、生活利便の確保のために近隣集団が組織化することは有用である。奥井は、「かかる場合問題となるのは組織化の方式であって、それははたして公共的性格のものであるのか、あるいは関係者の自発的な活動なのであるか、そのいずれかという点である」という。そして、人権を尊重すること、画一的な組織化をしないこと、ボス支配にならないこと、の三つの条件を付けている(5)。

四人のなかでもっとも町内会を肯定的に評価したのは高田保馬であった。彼は戦争によって隣組が組織されたが、こうした組織は古くから農村社会にあったもので、隣組が「民主主義を破壊し戦争を促進させたと断定するには早い」という。高田によれば「隣組が悪いのではなく、それを通して配給するものが悪かった」のである。そして、都市に人口が集中し利益社会化し、「個人はただ自己の力をたのみ自己のちからによって立つほかはない。いわば、万人は都市において社会の捨児となる」状況にあって、隣組の形成は「大都会の喧噪の中に地域を中心とする親和と追憶を作り上げ、時代遅れともいえようが、一種の共同社会的のものを作り上げた」とする。彼は隣組を「魂のオアシス」とも呼び「この意味における郷土を大都市に与えることは、人類を救い得る一の方向である」と述べている(6)。

町内会論争

このように四人の見解はそれぞれ個性的であるが、そのいずれもが町内会の将来を楽観していないことは共通している。それを肯定的にみるか否定的にみるかは別として、都市において町内会的な地域集団は衰退して行くだろうという認識では、四者に大きな相違はなかったと思われる。ところが、彼らの予想に反して戦後、町内会は多くの場合、「自治会」として名称を変えて復活再生する。それはなぜか。なぜ町内会は存続し続けたのか。これが都市社会学において良く知られた町内会論争の発端の問いであった。

近江哲男は、この問題、すなわち「大都市では地縁が衰退し近隣集団は崩壊するという定説にもかかわらず、わが国の大都市に町内会がいまなお根強く広汎に存在している理由は何であるか」という問題に対して、次のような解答を与えた。

「これはわが国民のもつ基本的な集団の型の一つであり、人びとが集団を結成し維持して行く際の原理をこの『原型』に求めるためである。住民の地域生活上の諸要求を充たすために、欧米社会では違った形の集団をつくる。（中略）わが国の町内会は、封建時代に源流をもつ古い集団である。だから、ある意味ではこれを遺制ということはできるけれど、しかし、余分なものが惰性によって存続しているのではない。集団原理として現実に生きて働いているのである。してみれば、これは遺制としてよりも、文化の型の問題として捉える方が、より適切であると思うのである」(7)。

この「文化の型」説は、それに賛成する中村八朗と反対する秋元律郎の論争に発展した。中村は、自らが行った東京都の二つの調査と歴史的資料調査の結論として、たしかに「歴史的に一貫した連続性を保つパターン」が存在すると主張した。[8] これに対して秋元は、敗戦による町内会廃止令が実効力をもたなかったのは、「ひとつには改革そのものが孕む弱さと、いまひとつは、改革を受け止める主体（市民）の側での弱さにあった」という吉原直樹の主張に同意して、自治会が一定の地域イシューの解決に積極的役割を果たした事例を認めつつも、自治会よりも「さまざまな任意的で自発的な集団や組織」の中間集団としての機能に期待すべきだとする。[9]

この町内会論争は、その後、自治会を「住縁アソシエーション」とみる岩崎信彦、「地域共同管理のための組織」とみる中田実、「地域自治論」[10]を標榜する鳥越皓之などの研究を生み出すのだが、これ以上この問題に深入りする必要はないだろう。

3――ボランタリーアソシエーションと官製アソシエーション

さて、自治会のほかにも日本の地域社会には、多様な地域集団が存在しているが、それらを理解するためには、二つの地域集団の理念型を設定し、その中間に各種の地域集団を位置付けるのが有効であるように思われる。

第一の類型は、住民自身が自発的に組織し、活動内容は各組織の裁量にまかされ、財政は自前で

	ボランタリーアソシエーション	官製アソシエーション
設立契機	自発的	強制的または半強制的
活動内容	自由	上部組織の下請け
活動資金	自主財源	補助金依存
活動参加	自由意志	強制的または自動的

賄っており、世帯単位であれ個人単位であれ、その成員の参加は自由意志に基づいている、という組織である。

第二の類型は、任意団体と言いながら、実際は行政の関与が強い集団である。つまり、設立契機が、住民の主体的な発意ではなく、活動は上部団体からの下請け的であり、財政は補助金などに依存し、成員はなかば強制的あるいは自動的に参加するような組織である。

第一の類型は、これまで社会学ではボランタリーアソシエーションと呼ばれてきた。しかし、第二の類型を言い表す言葉が今までなかったので、これを〈官製アソシエーション〉と名付けることにしよう。一般的に言えば、この二つの集団類型は自己保存性の面で特徴的な違いがある。

第一の類型の組織は極めて活発に活動することもあるが、反面、いつの間にか消滅していることも少なくない。かつて鈴木榮太郎は、このことを次のように表現した。

「生活拡充集団は所詮は余暇集団であって、生活と社会の基盤はそこには存在しないのである。都市の夜空に五彩の色も鮮やかに輝くネオン・サインは、正に都市の生活拡充集団を象徴するものである。暗夜には、輝くネオン・サインだけしか目に入らない。家屋も都市の大地も、闇の中では見る事ができない。然し、白昼にその骸骨を暴露しているネオン・サインの正態《ママ》は、夜の華麗さにひきかえ、何と痛々しく見える事か。それ等は家屋と都市の大地の上に、何とあぶない芸当をして立っている事であるか[11]」。

少し古いデータであるが、一九八〇年から一九八一年にかけて、横浜市立大学市民文化研究センターが行った調査によれば、ボランタリーアソシエーションの寿命は五年で一つの節目を迎えるという[12]。また筆者が滋賀県淡海ネットワークセンターが作った『NPOデータファイル』を元に調べたところ、一九九八年に記載があった市民活動団体のうち、六年後の二〇〇四年にも記載が確認されたのは二八パーセントであった[13]。このように自己保存という観点から言えば、多くのボランタリーアソシエーションはけっして優れているわけではない。

これと全く逆なのが、官製アソシエーションである。この種の組織は、行政がその設置を主導し、基本的には行政から補助金等の予算が付けられることで存在している。先に述べた社会福祉協議会や高度成長期に作られた青少年育成市民会議、最近では各地で作られている地域教育協議会などがこの類型の典型例と言えよう。こうした組織の役員は、多くの場合、その他の既存住民組織の中から選ばれ、会議には地域住民のほか有給の職員が同席する。このような組織は、活動の自立性のみならず、積極性や創造性という面でもボランタリーアソシエーションに遠く及ぶものではない。しかし、どのような形であれ、行政からの物的、人的な面での支援が続く限り存続するのが常である。

このような二類型、官製アソシエーションとボランタリーアソシエーションとの間には、その中間に属する地域組織が様々に存在している。また、各地域にある末端の組織はボランタリーアソシエーションであるが、それらを束ねる広域的な組織になるほど官製アソシエーションの性格を強める、といった場合も少なくない。

自治会は官製アソシエーションか

ところで、自治会は、地域集団のなかにあってかなり強い自己保存力をもつ集団だと言って良いだろう。では自治会は官製アソシエーションなのだろうか。実は、自治会を官製アソシエーション的なものと考えるのか、あるいはボランタリーアソシエーション的なものと見なすべきなのかという問題は、長らく社会学上の論争のテーマであった。自治会を官製アソシエーションと考えれば、その自己保存性も単純に導かれる。行政権力の支援があるからというわけである。しかし、少なくとも戦後に限れば、自治会の設立を行政が積極的に奨励あるいは主導したわけではないし、その活動や財政には、かなりの程度の自立性があることは否定できないから、自治会を、官製アソシエーションだと言い切ってしまうことには無理があるだろう。

一般的に言えば、自治会は末端へ行くほどボランタリーアソシエーション的な性格を強め、逆に広域を代表する連合組織になるほど官製アソシエーション的な性格を強める。越智昇が秋元律郎を批判して「行政との関係密度が濃厚なのは単位町内会ではなくて、地区連合町内会である」と述べたように、自治会が民主化の妨げになるのは、個別の自治会ではなくて戦前の感覚が抜け切らない行政と連合自治会との関係に起因する場合が多いのではなかろうか(14)。

自治会の組織原理・文化原理

私は、自治会が強い自己保存力をもつ理由を、むしろその組織原理と文化原理にあると見る。この主張は、越智昇が初めて主張し私がそれを修正したものである。まとめると次のようになる。まず自治会の組織原理として六点指摘できる。[15]

第一は、組織運営システムとしての班制度である。「分割して支配せよ」という言葉があるが、日常顔を会わす範囲で班が組織され、そこに仕事が配分される仕組みは、フリーライダーが発生するのを防ぎ、活動を滞りなく為すのに有効な仕組みである。

第二は、順番制リクルートである。順番で役職が回ってくる仕組みは、人員を常時確保するのに好都合であるばかりでなく、住民の地域社会への関心を惹起させる仕掛けでもある。町内会は、順番制リクルートによって構造的に「みんな主義」を制度化している。

第三は、共有財の存在である。多くの自治会は、自治会館のような施設ストックをもっている。これは、自治会の財政からみると大きな負担である。しかし、自前の会館を所有することへの願望は根強い。施設ストックはあくまで活動の手段であって目的ではないが、それを保持継承しようという努力が「自治へのステップ」になっている。

第四は、名誉の配分である。自治会長は行政からの連絡員としての手当がでることを除けば、無給の名誉職である。しかし、選出に苦労する場合が多いとはいえリクルートされてきたのは、それが名誉な職であるからである。新住民が多くなったなかでも地付きの農家が役職を占有していることがあるが、それは役職が名誉なものであるからにほかならない。自治会は、名誉を配分する機能を有しており、それによって自己保存を助けているということができる。

第五は、部会制度である。自治会は、班制度だけをもつわけではない。一定規模以上の自治会では、婦人部、環境厚生部、体育部、総務部など、名称はさまざまであるが下部部会が組織されており、それが他団体（多くの場合官製アソシエーション）の下請け機能と役員の選出母体を兼ねている。こうした機関形成は、無用の意見対立や手間ひまを省くうえで有効であり、自己保存に貢献している。

第六は、居住地域を単位としているということの合理性である。一般的に言えば、住民の世代は一様ではなく、また転出転入もあるので、通常自治会のメンバーは漸次的に交替する。このサイクルが適切なものであればあるほど自治会の自己保存は容易になると言えるだろう。

越智は自治会の文化原理としては親睦と分担を指摘している。私もこれに同意したい。

親睦とは、越智によれば「権力の及びにくい最も私的な領域の社会関係原理」であり、村落社会にルーツをもつ「自治の文化型」である。親睦を図る活動は、住民の期待が大きいし、実際、自治会の財政面、活動面での割合からも大きな部分を占めている。

分担とは、専門家を作らない思想である。越智はこのことを「『分担型』は、他のことをすることなしには自分のことも満足にはできないのであり、他のことをしてはならない『分業型』とは根本的に違う」と述べた。分かりやすく言えば、分担は役割が交替可能であり、分業は交替不能であるという違いであろう。越智は、コミュニティのエートスは分担型であり、行政や企業の論理とは全く違うものだとも述べている。

親睦は即時的報酬を分担は遅延的報酬の喜びを抱かせる。これらの文化原理が組み合わされて、自治会の行事は実現される。行事は内発的にリフレッシュされて継続し、自治会の自己保存を可能にするのである。

4――自治会が闘うために

越智昇によれば、明治憲法下において「住民」という言葉は、「『公民たるの権利・義務』を負うことで政治参加を認められた」人々（公民）以外の「名誉職の指導のもとに行政体に隷属する義務を課せられ」た大多数の存在を意味した。それゆえ越智は「住民運動にいう『住民』は居住点で行政の客体としての自己を否定した主体の主張である」と述べる[16]。とするならば、「合対」を構成した住民たちは、自治会と市民運動団体を問わず、政治主体として覚醒した、新しい「住民」たちであった。

しかし、地域社会に発生した問題を解決しようとするとき、それがいかなる問題であったとしても、自分たち以外の人々との協力は欠かせないだろう。つまり、住民がそれまでの自らを否定して、ギデンズのいう「埋め込まれた社会」から脱したとしても、あらためて信頼関係を築いていくことを通して、その社会を作り変え、あらたな社会を作って行くことが必要になる。

自治会の人的資源と住民運動

こうしたとき、市民運動団体と違って自治会には自治会特有の困難が待ちうけている。それは、「順番制リクルートの組織原理」「分担の文化原理」との折り合いという問題である。

資源動員論が明らかにしたように、住民運動に限らず社会運動を行うにあたっては、運動を闘い抜く強い意思とともに、一定の知的能力や時間的物質的資源が必要とされる。しかし、地域住民の全員平等にそれらが備わっているわけではないことは明らかである。いきおい、特定の人々に仕事が集中することになる。しかし、それは自治会の「順番制リクルートの組織原理」、「分担の文化原理」と矛盾することであろう。

この事例において、運動の過程で自治会の原理に忠実に担当メンバーを毎年交替させたのは、CとDの集落であった。これに対してAとEの集落は、担当メンバーを固定した。しかし、いずれもあまりうまくいかなかった。というのは、交替したところでは、組織としての主体性を失い他組織追従傾向を強めたし、固定したところは逆に一般住民からの遊離と個人的負担増に悩むことになったからである。(17)

こうしたなかでF集落が比較的高い活動力を維持してきた要因は、歴代の自治会長らで構成される中核メンバーと毎年順番制リクルートによって選ばれる自治会各部会から推薦されてくるメンバーで組織を構成し、それぞれがそれぞれの役割を分担したことがあげられる。またバザーや活動に関するニュースの発行、あるいは講演会などのイベントを通じて、一般住民との接点を保持し続けたこともある。しかし、何といっても地域最大の自治会として他組織に比較して人的資源に恵まれていたことが基本的要因であろう。

人的資源という点では、リーダー層の年齢の問題もある。処分場の周辺にありながら最初から運動に加わらなかったB集落と早々に「合対」を脱退したG集落に共通する点は、いずれも旧村地区であるというほかに、リーダー層が高齢化していることがあげられる。これにたいして、A・C・D・E・Fの集落のリーダー層は、いずれも四〇代から五〇代である。必ずしもというわけではないだろうが、リーダー層の活力は住民運動の活力に一定影響すると思われる。

AとGの集落は、当初「合対」に加わりながら、途中で脱会し、また運動そのもの対する態度も消極的になっていった。その理由も、単純化すれば基本的には人的資源の問題である。その意味で両者は共通している。

A集落の場合、処分場の一番の被害者であったが、集落規模が小さく運動に割ける人的資源が極めて乏しかった。G集落の場合は、高齢リーダーにとって、問題企業に利害関係をもつ集落内住民と調整を行いつつ運動へ参加するという負担はあまりに重すぎたのである。しかし、二つの集落が他の自治会と異なるのは、いずれも直接的被害の当事者であったことである。こうした場合、戦線を縮小し守りを固めるという選択は、たしかに一定合理的だろう。A集落はガス被害、G集落は農業用水に対応する問題を絞り込んだ。そして、自らは積極的な行動を避け、行政側からの提案をそのつど検討し返答する、という仕方で影響力を行使する戦術をとった(18)。

しかし、それが処分場の改善という目標にとって合理的だったかという点では、疑問が残る。二〇〇六年春に県は処分場のボーリング調査を実施したが、予定していた処分場A集落側の二カ所はA集落からの反対にあって調査できなかった。A集落の反対理由は、抜本的改善対策が示されないまま調査を繰り返すことには反対、というものであった。また、県の改善命令に基づいてRD社が作った水処理施設（二〇〇三年完成）は、処理した水の排水先である経堂が池を所有するG集落の反対にあって未だ稼動できずにいる(19)。G集落の主張は、経堂池の浚渫など被害の回復策が示されない限り排水を受け入れるわけにはいかない、というものである。

それぞれの主張には一理あるものの、その反対によって事態が改善される見込みは、残念ながら少ない。処分場からはガスが発生し続け、汚染された水が経堂が池へ流れ続けているという事実は、存在し続けている。

自治会の自己保存力

以上述べて来たように、住民運動の主体として自治会には、運動を継続するうえで不都合な点が多々あり、それは今回の事例をみても明らかである。しかし、自治会館という活動場所、地域のために働くという名誉のインセンティブ、親睦という即時的報酬といった点は、自治会が市民運動組織に勝る要素であろう。すなわち、自治会の高い自己保存力は、住民運動にとっても有利な条件である。

「合対」の活動は、市民運動団体が火を着けたものであったが、その火を守り、より大きな炎にした功績は、むしろそこに集ったいくつかの自治会に帰することができよう。しかし、そうした自治会のエネルギーも、一般住民の支援があってこそ新たに供給される。「考える会」のメンバーが新たに「RD処分場から飲み水を守る会」を結成し、他地域の市民団体との連携を模索しだしたのは、そうしたエネルギーの枯渇を感じたからなのかもしれない。

(1) 長谷川公一『環境運動と新しい公共圏——環境社会学のパースペクティブ』有斐閣、二〇〇三年、三八頁。
(2) G集落の脱会にあたってはF集落からの慰留、F集落の脱会にあたってはC集落からの慰留があり、またE集落との話し合いがもたれた。
(3) 鈴木榮太郎「近代化と市民組織」『都市問題』第四四巻第一〇号、一二頁。
(4) 磯村英一「都市の社会集団」同、四三頁。
(5) 奥井復太郎「近隣社会の組織化」同、三一頁。
(6) 高田保馬「市民組織に関する私見」同、一〇頁。
(7) 近江哲男『都市と地域社会』早稲田大学出版部、一九八四年、一〇〇、一八七〜一八八頁。
(8) 中村八朗「文化型としての町内会」倉沢進/秋元律郎編『町内会と地域集団』ミネルヴァ書房、一九九〇年、九五頁。
(9) 秋元律郎「都市地域集団とその変遷」『社會科學討究』第三七巻第二号、早稲田大學社会學科研究所、一九九一年、四九六、五一六頁。
(10) 岩崎信彦他編『町内会の研究』御茶の水書房、一九八九年。中田実『地域共同管理の社会学』

東信堂、一九九三年。鳥越皓之『地域自治会の研究』ミネルヴァ書房、一九九四年。
(11) 鈴木榮太郎『都市社会学原理』有斐閣、一九五七年二二一〜二三二頁。
(12) 丸山正次「横浜市におけるボランタリー・アソシエーションの概要」越智昇編『都市化とボランタリー・アソシエーション』横浜市立大学市民文化研究センター、一九八六年、二五頁。
(13) NPOの寿命は平均八年という調査結果もある。「おうみネット」第五〇号、淡海文化振興財団、二〇〇五年、七頁。
(14) 越智昇「ボランタリー・アソシエーションと町内会の文化変容」倉沢進／秋元律郎編前出、一九九〇年、二五六頁。
(15) 早川洋行「ジンメルと地域社会」飯田哲也・早川洋行編『現代社会学のすすめ』学文社、二〇〇六年。
(16) 越智昇「自治する住民とは」『思想の科学』一〇一号（一九七九年二月）、三頁。
(17) A集落は市の第二期環境調査委員会への委員派遣を負担増から取りやめた。E集落は二〇〇五年に「合対」代表を自治会内から出すことに疑義が出され、「合対」は一年間代表不在の状態に陥った。豊島の不法投棄事件でも自治会役員の任期が闘争の桎梏になったことが住民の声として指摘されている。「こうなった原因は二年間という自治会の任期にあったんです。処分場の話が出てから三年でしょ。ところがみんなアテ職だから任期がくると降りてしまうんです。誰だってケンカはいやですよ。だからこの問題については専従制にして任期なしでいこうと提案したんだが、受け入れてもらえませんでした。そんなわけでこっちはバラバラだけど、向こうは金儲けがかかっているから必死で、どんどん強くなってゆく。最後は行政と癒着してこれを突き崩すのは大変やった」（津川敬『ごみ処分――「処分場紛争」の本質』三一新書、一九九六年、一〇二頁）。
(18) A集落は、RD社と独自に交渉をもち、プレハブの自治会館の建設と団地内の私道を買い上げて市へ寄付する、という譲歩を引き出した。A集落による運動の沈静化は、こうした成果の見返りという面も否定できない。
(19)『毎日新聞』二〇〇三年五月二二日付。第2章で述べたように、処分場と経堂が池の一帯は、先祖が大切にして来たG集落のいわば聖地であった。G集落の住民のなかには、それを汚したことにたいする強い憤りの声もある。例えば、G集落に火事が続いたのは、水を汚したことによる「因果応報」だと言う。ここには伝統的社会がもっている独特の環境保全の論理がある。『春夏秋冬』秋季号、草の根人権友の会、二〇〇二年九月一日。

第5章　マスメディア

1——社会学、新聞、そして社会運動

かつてマックス・ウェーバーは第一回ドイツ社会学会（一九一〇年）で講演し、次のように述べた。

「諸君、学会が純粋に学問的なとり扱いにふさわしいものとみなした第一の問題は、新聞の社会学である」。

「今日の公開性がそもそもどのような状態にあるか、そして将来のそれはどのようであろうか、いったい何が新聞によって公にされ、そして何がされないのかを問うのは、きっと興味のあることである」。

「何よりもまずわれわれとしては、新聞の公開性の作り出す力関係を研究しなければならない」。

「研究の着手のための材料はどこにあるのか、と諸君は問うであろう。その材料はまさに新聞そのものであり、はっきりと言えば、われわれは今や鋏とコンパスをもって、ごく卑近なところから始め、量的な観点からいったい新聞の内容が、広告の部分もおろそかにせずに、雑録欄において、雑録欄と社説との間において、社説と報道の間において、一般に報道されているものと今日もはや報道されないものとの間において、最近の一世代の経過のうちに、どのように移り変わったかを測定しなければならない。（中略）そして、この量的な測定から、われわれは次に質的な測定へと移るであろう」(1)。

このように、新聞は、古くから社会学者の関心の的であった。この章では、当該問題にマスメディア、とくに新聞報道が果した役割を考えることにする。

新聞が、一般に社会運動の活性化と広がり、あるいはその沈静化と縮小に一定の効果をもつことを疑う人はいないであろう。しかしながら、意外なことに、このことを実証的に究明した研究はそれほど多くはない。

たとえば、我が国の公害研究として、そして社会運動研究として第一級の作品である、宇井純の『公害の政治学――水俣病を追って』（一九六八年）でさえ、「水俣病の進展に新聞が果たした役割は大きい。ある時は正確な情勢判断が、ある時は何の気なしの誤報が、被害者たちの運動を力づける結果を生んだ」としつつも、新聞についてわずか数ページの、しかも実証的というよりも感覚的と言わざるを得ない記述をしているだけである[2]。

新聞という枠を広げてマスメディアと社会運動という観点で先行研究を探してみても同じである。しかもその内容を見れば、外国に出自をもつ理論に依拠して普遍的なモデル構築を目指す、大石裕、大畑裕嗣、そして片桐新自らの研究と、地域の個別状況を歴史主義的に詳論する、小谷敏、松浦さと子らの研究という両極端に分かれているように思われる[3]。

前者のアプローチは、社会構造や文化的背景等の細部を捨象しがちであるという弱点をもつし、後者のアプローチは、特殊な経験を記述することに満足するだけに終わりがちであるという弱点をもつ。

本章は、そのいずれのパースペクティブでもなく、具体的事例から普遍的命題を抽象するというパースペクティブを採用する。以下ではこの視角から、社会運動のなかでもとくに住民運動において、新聞報道が果たす機能を考える。ここで、とくに注目するのは、この問題が起きた一九九九年の一〇月から翌年一二月までのこの問題に対する新聞報道である。この章の考察範囲は、栗東市が市制を施行する以前の時期のみなので、この章に限ってそのまま栗東町として記述する。

2——住民運動の見取り図

今回の問題をめぐる情報の流れを図示したのが図「諸アクター間の情報の流れ」である。問題企業は、滋賀県より産業廃棄物に関して収集・運搬、中間処理、最終処分の許可を、栗東町より一般廃棄物に関して収集・運搬の許可を得ていた。この企業は、こうした公害問題によくあることだが、当初より「行政の指導に従う」として、住民側の質問や要求にたいして直接答えようとはしなかった。それゆえ、住民運動団体にとっての主な交渉相手は監督官庁である滋賀県と栗東町になった。また、地方分権の時代と言いつつも行政機構の階統制は堅持されていて、栗東町が旧厚生省（環境省）から直接指示を受けたり、情報を提供したりしたことはない。すべて県を通してのやりとりである。国との関係という点では、むしろ住民側の方が電話で問い合わせたり陳情に出向いたりして情報交換を行っている。住民運動団体は、個人的なネットワークのほか、ビラ、新聞折り込みチラシ、あるいはホームページで、未組織住民と他の運動団体へ情報提供を行っている。

さて、ここではマスメディアの機能に注目するわけだが、それは図中、右上半分に示した未組織住民と他の運動団体への機能と、左下半分なかでも住民運動団体と栗東町・滋賀県との交渉への機能に分けられるだろう。よく住民運動にマスメディアが果たす機能について、強力効果か限定効果か、あるいはマスメディアは運動においてヘゲモニーをもつか単なる媒介に過ぎないのか、という議論がなされるが、こうした問題の立て方は、影響が及ぶ先を明確化していない点で問題がある。

諸アクター間の情報の流れ

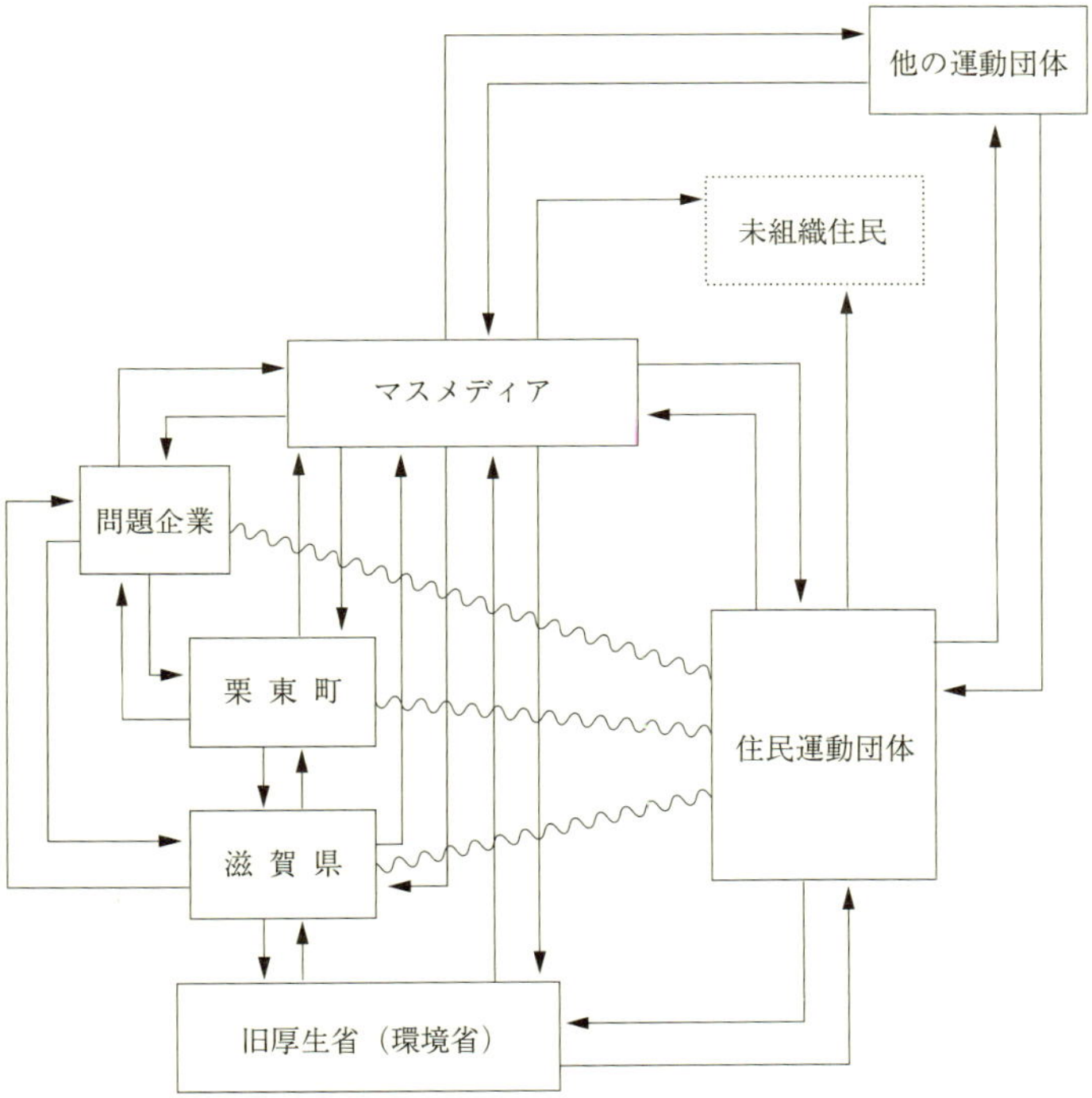

「闘争そのもの」と「運動の広がり」は、別の過程であり、それらは相互に関連しているとはいえ一応峻別して論じられるべきだろう[4]。

　新聞報道が住民運動に果たす機能を考えるとき、この点は重要である。なぜなら、それは新聞紙面を分析する際の指標の取り方に関わるからである。

　各新聞が当該地域でもっている販売シェア、記事の見出しの段数、あるいはその記事が地域面に載ったものか全国面に載ったものか、といったことは、新聞報道の影響を論じる際によく話題になるが、それらはどんな場合でも通用する指標ではない。なぜならば、それらは、闘争そのものの過程においては必ずしも問題にならないからである。経験的にみて明らかなことだが、当事者が一般人の場合、自らに関わることが記事になるのはちょっとした事件である。その人は、それがどんなに小さな記事でも探すだろうし、もし家庭で購読している新聞に載ったものでなければ買ってでも読もうとするに違いない。つまり、当事者にとってみれば、新聞がどれだけ大きくとりあげたのか、という問題は、報道の未組織住民と他の運動団体への影響を考える際には重要な指標になるだろうが、当事者である運動団体・行政そして当該企業にとっては二次的なものなのである。

本章では、従来あまり論じられることの少なかった、この当事者間の過程に焦点を絞る。以下では、実際の住民運動の闘争過程にたいして新聞報道が果した機能について考えてみたい。

3——新聞報道の量と質

まず当該地域における当時の新聞販売部数を示しておこう。一般紙の販売部数について各販売店に問い合わせた結果、『朝日新聞』と『読売新聞』がともに四、一〇〇部、『京都新聞』三、七五〇部、『毎日新聞』一、五〇〇部、『産経新聞』一、〇五〇部、『中日新聞』三〇〇部という数字が明らかになった。もっとも、販売店によっては栗東町外も販売エリアにしているところがあり、また日々変わる数字なので、これはあくまで概数である。これら六紙のほかに、地域紙である『滋賀報知新聞』の「市民ニュース」が折り込み広告と一緒に入ることがある。これはタブロイド版両面刷りの新聞で、調査期間である一九九九年一〇月から二〇〇〇年一二月までに計四回発行されているが、すべてこの問題を取り上げている。一回の発行部数は一四、〇〇〇部であり、栗東町の世帯数は一八、〇〇〇（当時）であるから、これは約八割の世帯をカバーしていることになる。

この問題を扱った記事について時系列で新聞毎の記事数と記事行数（各新聞とも、一行一一文字）を次頁の図表にまとめた。まず、総体的な特徴を述べよう。

記事数、記事行数ともに山が一〇月、一二月、二月、七月、九月にあることがわかる。これはちょうど県議会の開催時期と重なっている。行政側の主要な決断は議会答弁として発表されることが多く、またその前後に住民側の行動も起きていることが記事の数量に反映したと見ることができる。また、問題発覚から二月までの間、ほぼ右肩上がりで記事の数量が増えていることが確認できるが、これは、一一月に合同対策委員会が結成されてから、一二月業者告発と町役場へのデモ、一月高濃度硫化水素検知、二月「町民大集会」開催へと、運動が盛り上がってくる過程と一致している。その後、年度替わりの数カ月を挟んで、断続的な山が形成されているのも、その時々の運動の活性化の度合いに対応したものと見ることができよう（巻末年表参照）。

各新聞ごとの特徴は、とりあえず次のようにまとめられる。

『朝日新聞』、早くから注目し積極的に報道している。『毎日新聞』、出足はやや遅れるがその後積極的に報道している。『読売新聞』、出足は悪くなかったがその後消極的。『産経新聞』、一貫して低調。『京都新聞』、出遅れるが猛烈な巻き返し。『中日新聞』、もっとも先行し、その後も積極的に報

新聞記事数

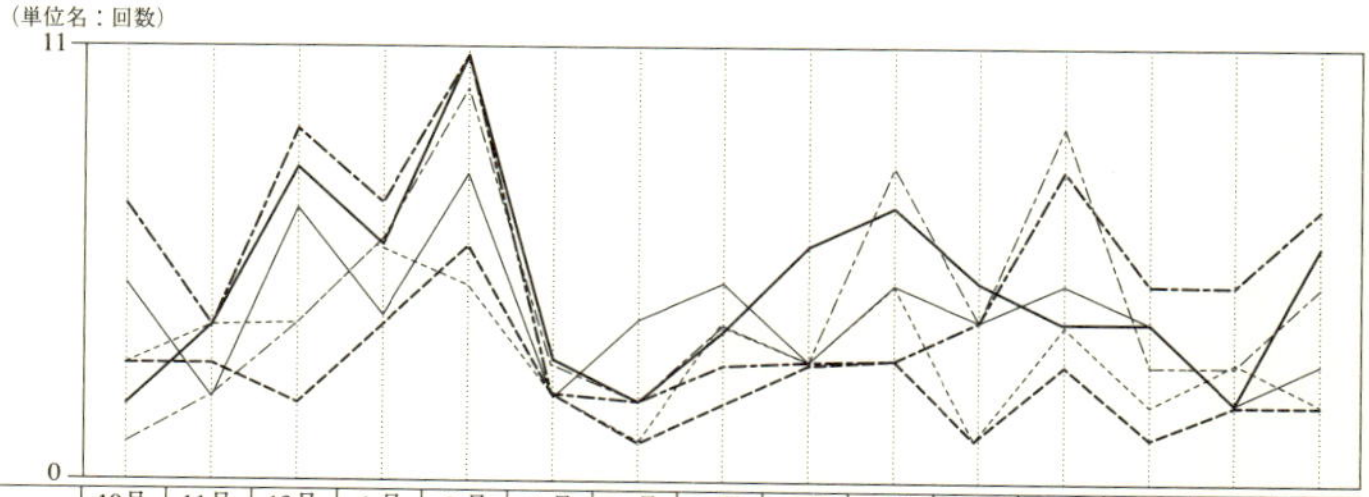

	10月	11月	12月	1月	2月	3月	4月	5月	6月	7月	8月	9月	10月	11月	12月
朝日	5	2	7	4	8	2	4	5	3	5	4	5	4	2	3
毎日	2	4	8	6	11	3	2	4	6	7	5	4	4	2	6
読売	3	4	4	6	5	2	1	4	3	5	1	4	2	3	2
産経	3	3	2	4	6	2	1	2	3	3	1	3	1	2	2
京都	1	2	4	6	10	3	2	4	3	8	4	9	3	3	5
中日	7	4	9	7	11	2	2	3	3	3	4	8	5	5	7

新聞記事行数

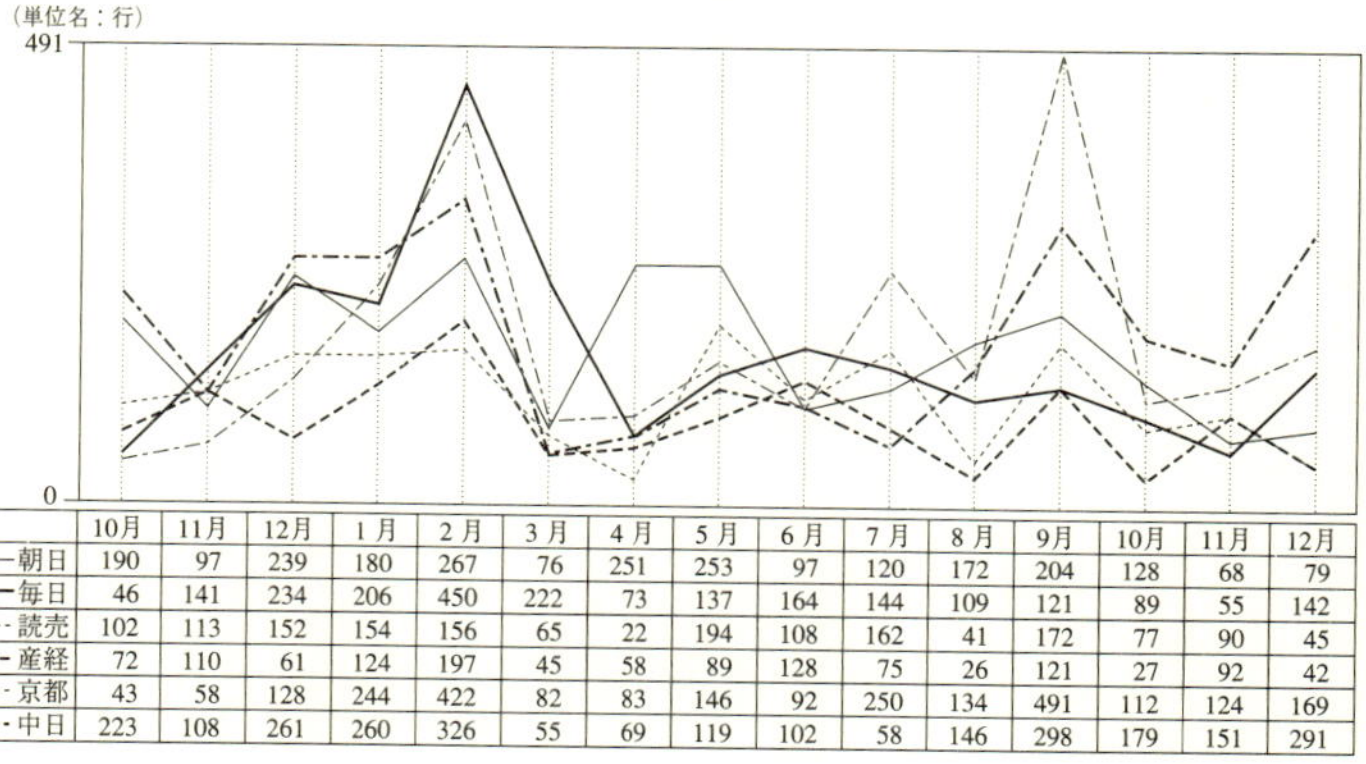

	10月	11月	12月	1月	2月	3月	4月	5月	6月	7月	8月	9月	10月	11月	12月
朝日	190	97	239	180	267	76	251	253	97	120	172	204	128	68	79
毎日	46	141	234	206	450	222	73	137	164	144	109	121	89	55	142
読売	102	113	152	154	156	65	22	194	108	162	41	172	77	90	45
産経	72	110	61	124	197	45	58	89	128	75	26	121	27	92	42
京都	43	58	128	244	422	82	83	146	92	250	134	491	112	124	169
中日	223	108	261	260	326	55	69	119	102	58	146	298	179	151	291

道している。

記事総数は、多い順に『中日新聞』八〇、『毎日新聞』七四、『京都新聞』六七、『朝日新聞』六三、『読売新聞』四九、『産経新聞』三八である。

ひとつの記事の平均行数を計算したところ、最も多かったのは『京都新聞』で三八・四八行、その後に『朝日新聞』三八・四三行、『読売新聞』三三・七三行、『産経新聞』三三・三四行、『中日新聞』三三・〇八行、『毎日新聞』三一・五七行と続く。このデータを多重比較検定（t検定）したところ、有意水準〇・〇五で、『毎日新聞』と『朝日新聞』との間（〇・〇三六）、『毎日新聞』と『京都新聞』との間（〇・〇四〇）で有意であった。

ところで、住民運動の当事者にとってどのような新聞記事がもっとも関心を引きつけるものだろうか。たとえば、「何月何日、県廃棄物対策課は処分場の地下水調査を行った」という記事が出たとする。運動に関わっている住民は多くの場合すでにそのことを知っているし、県職員や記者と一緒に、その現場に立ち会っていることも少なくない。記事が、このようにただ単に起きたことを語るだけならば、その魅力はたいして大きくはないと言ってよいだろう。ところが、先の文章に続けて「知事は記者の質問に対して『住民の不安を解消するために精一杯取り組みたい』と語った」という文章があったとすれば、全く別問題である。この記事は、住民に明るい見通しを抱かせるばかりではない。知事の発言は記者のインタビューに答えたものとはいえ、公式なものと受け取られる。すなわち、住民側にとって見れば言質を取ったのと同じである。行政側住民側を問わず、間違いなくこの記事を切り抜いて保存する者がいるだろう。すなわち、記事に当事者の発言引用があるかど

記事類型

		発言引用	
		あり	なし
他事象との関連づけ	あり	A	C
	なし	B	D

時系列—記事類型

（単位名：回数）

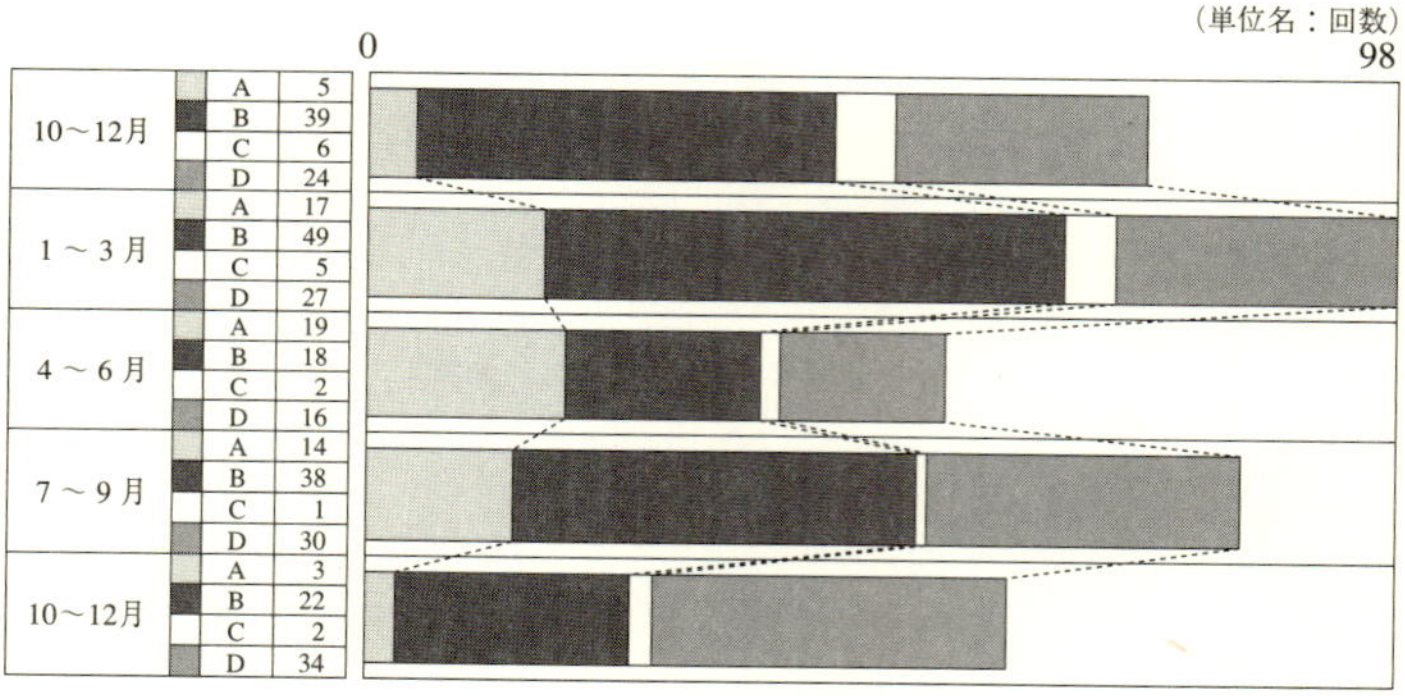

10〜12月	A	5
	B	39
	C	6
	D	24
1〜3月	A	17
	B	49
	C	5
	D	27
4〜6月	A	19
	B	18
	C	2
	D	16
7〜9月	A	14
	B	38
	C	1
	D	30
10〜12月	A	3
	B	22
	C	2
	D	34

うか、というのは重要な点である。

また記事の中には、たんに事実を伝えるだけではなくその意味をわかりやすく伝えるものがある。後でまた述べるが、一五、二〇〇ppmの硫化水素が検知されたと県が発表した際、新聞の多くの見出しは「高濃度の硫化水素」が検知されたとして報じた。しかし、唯一『朝日新聞』のみは、福岡の産廃処分場で硫化水素によって二人が亡くなる事故があったことを引き合いに出して、「致死量の一五倍を超す硫化水素」という見出しで報じた。この記事がもっとも注目されたのは言うまでもない。読者がもっとも知りたかったのは、一五、二〇〇ppmという数字の意味であり、それには死亡事故や致死量という他事象との関連づけることで初めて可能になった。

これら二つの指標すなわち発言引用の有無、他事象との関連づけの有無によって、記事を四つのタイプに分類した（「記事類型」参照）。Aタイプは記者による構成度が最も高く、逆にDタイプは最も低い。BタイプCタイプは、その中間に位置付けられる。

三カ月ごとの時系列で見てみると、興味深いことに記事数がもっとも減少している四～六月期に逆にAタイプが増えていることが分かる。先にも述べたように、この時期は年度の節目を迎え運動の盛り上がりが一段落したころである。ちょうどそのとき、これまでの過程をまとめた中間総括的な記事が増えたと考えられる（「時系列―記事類型」参照）。

新聞毎の特徴は、次頁の「新聞名と記事類型のクロス表」に示した。要点を述べれば次のとおり。『朝日新聞』Aタイプが多い、『毎日新聞』AタイプとDタイプがともに多い、『読売新聞』Bタイプが少ない、『産経新聞』類型別特徴見出せず、『京都新聞』Bタイプが多くDタイプが少ない、『中日新聞』BタイプとDタイプがともに多い。

以上の考察から、新聞毎に記事の数、行数、類型に特徴があることがわかった。これまで判明したことをまとめれば、次のようになる。

『朝日新聞』　一つの記事が長く、記事の数は中位。Aタイプの記事が多い。
『毎日新聞』　一つの記事が短く、記事の数が多い。AタイプとDタイプの記事が多い。

新聞名と記事類型のクロス表

			記事類型				合計
			A	B	C	D	
新聞名	朝日	度数	13	29	3	18	63
		新聞名の%	20.6%	46.0%	4.8%	28.6%	100.0%
		記事類型の%	22.4%	17.5%	18.8%	13.7%	17.0%
		総和の%	3.5%	7.8%	8%	4.9%	17.0%
	毎日	度数	13	31	1	29	74
		新聞名の%	17.6%	41.9%	1.4%	39.2%	100.0%
		記事類型の%	22.4%	18.7%	6.3%	22.1%	19.9%
		総和の%	3.5%	8.4%	0.3%	7.8%	19.9%
	読売	度数	8	18	3	20	49
		新聞名の%	16.3%	36.7%	6.1%	40.8%	100.0%
		記事類型の%	13.8%	10.8%	18.8%	15.3%	13.2%
		総和の%	2.2%	4.9%	0.8%	5.4%	13.2%
	産経	度数	6	17	0	15	38
		新聞名の%	15.8%	44.7%	0%	38.5%	100.0%
		記事類型の%	10.3%	10.2%	0%	11.5%	10.2%
		総和の%	1.6%	4.6%	0%	4.0%	10.2%
	京都	度数	10	39	4	14	67
		新聞名の%	14.9%	58.2%	6.0%	20.9%	100.0%
		記事類型の%	17.2%	23.5%	25.0%	10.7%	18.1%
		総和の%	2.7%	10.5%	1.1%	3.8%	18.1%
	中日	度数	8	32	5	35	80
		新聞名の%	10.0%	40.0%	6.3%	43.8%	100.0%
		記事類型の%	13.8%	19.3%	31.3%	26.7%	21.6%
		総和の%	2.2%	8.6%	1.3%	9.4%	21.6%
	合計	度数	58	166	16	131	371
		新聞名の%	15.6%	44.7%	4.3%	35.3%	100.0%
		記事類型の%	100.0%	100.0%	100.1%	100.0%	100.0%
		総和の%	15.6%	44.7%	4.3%	35.3%	100.0%

『読売新聞』　記事の長さは中位、記事の数が少ない。Bタイプが少ない。
『産経新聞』　記事の長さは中位、記事の数が少ない。類型別特徴見出せず。
『京都新聞』　一つの記事が長く、記事の数は中位。Bタイプが多くDタイプが少ない。
『中日新聞』　一つの記事が短く、記事の数が多い。BタイプとDタイプの記事が多い。

新聞によって、この住民運動の取り上げ方は異なっていた。こうした相違は、何によるのだろうか。筆者はそれを明らかにするため各新聞社の支局長、デスク、記者に対して聞き取り調査を行った。その結果、報道を規定する三つの要因が浮かび上がってきた。

第一の要因は、各新聞の支局の編集方針である。『朝日新聞』のデスクは「この問題は四〇行くらい書かないとわからないと判断した」と語ってくれた。同様に『読売新聞』も「分量を書く、特集記事ではなくニュース優先が支局の方針」とのことだった。逆に『毎日新聞』と『中日新聞』のデスクは、ともに「『数を多く』は支局の方針」であると述べた。

第二の要因は、紙面の余裕である。この点では『産経新聞』と『京都新聞』が特異かつ対照的である。『産経新聞』は、地方面が存在しない日もあり必然的に記事数は少なくならざるを得なかった。逆に『京都新聞』は、地方紙の一つの特徴として、全ページに地方の話題が載ることも少なくない。つまり、紙面に十分な余裕があり、数量とも多くを載せることが可能だった。

第三の要因は、組織体制である。この問題に対しては『産経新聞』を除いて、各社実質二〜三人の記者がこの問題を担当していた。『産経新聞』は、支局全体の記者の数が少ないこともあって、担当の記者は実質一名だった。また『読売新聞』だけは、現地に通信局等の拠点がなかった。はじめ両新聞の記事数が少ないのは、新聞社のイデオロギーの反映ではないかと予想したのだが、これは間違いであることが判明した。組織体制の不備が十分な取材を困難にし、それが記事の数と類型に影響したのである。

もっともこの点に関連して、『中日新聞』のデスクは「記者は数が多ければよいというものではない」とも語っている。『中日新聞』は、ベテランのM記者が当初より強い関心を寄せ精力的な取材を行ってきた。その誠実な取材ぶりからM記者の記事は、行政側と運動側を問わず、信頼し注目するものであった。『中日新聞』の記事は、かなりの数がこのベテラン記者一人によるものだったと思う。

運動の初期によく取材の姿を見かけたのは、この『中日新聞』のM記者と『京都新聞』の若い記者であった。ところが、『京都新聞』にはなかなか記事が載らなかった。これは事情を知る者としては、全く不可解なことであった。そこで私は、聞き取り調査において『京都新聞』のデスクにその理由を尋ねた。返答は、「当初、問題の輪郭が分からなかったので自重した。担当記者が『一年生』だったことは無関係」というものであった。この事例がどうであったかは別として、取材が記事になるためには、記者の能力とまたそれに対するデスクの信頼がどの程度であるかという問題も影響していると考えられる。

ほとんどの場合、一つの記事を書く記者は一人である。一般の会社に比して、新聞社組織にあっては記者たちの独立性がかなり高い、という事実に注意を払う必要がある。総じて新聞記者たちは、個人のネットワークで取材源を確保している。したがって、その記者が転勤すると取材源と新聞社の関係性もリセットされることが多い。これは、新聞社にとって多面的な考察を可能にしている要因であるとともに、資源の浪費であることも否めない。

4――闘争への機能

新聞報道の特徴を鮮明にするために、新聞以外のマスメディア、具体的には雑誌とテレビがこの問題をどのように報道したのかについて簡単に触れておこう。

比較的早い段階で、まとまった報道をしたのは雑誌であった。『週刊朝日』（二月一一日号）、『週刊現代』（三月四日号）、『週刊実話』（四月六日号）は、ほぼ正確にこの問題を報じているが、これら雑誌メディアの報道はいずれも単発であった。これはこれらの雑誌が全国規模の読者を有していることによるが、それによって雑誌メディアのこの問題への介入は極めて限定的なものに終わった。

次にテレビであるが、この地域では、NHK総合とNHK教育のほかに、朝日・日本・フジ・TBSの四大ネットワークの系列である、ABC、読売、関西、毎日の各テレビ局、そして京都テレビ、びわ湖放送が視聴可能である。この時期に限ればケーブルテレビはない。

このうち、もっともよく報道したのはびわ湖放送の夜一〇時のニュースであるが、その日に起きた事実をせいぜい数十秒で伝えるのみであった。これに対して、ニュース番組では読売テレビの

「ニュース・スクランブル」（二月一四日）、ＡＢＣテレビの「ワイド630」（二月二九日）「スーパーＪチャンネル」（三月二日）、ＮＨＫ総合の「ニュースパーク関西」（四月二一日）、「クローズアップ現代」（四月二四日）が比較的まとまった報道をしている。またワイドショーではＡＢＣテレビの「ワイド・スクランブル」（三月一三日）と「スーパーモーニング」（二〇〇〇年一〇月二日）が取り上げている。

これらのテレビ報道の問題点として、誤報、メディア・フレームの押し付け、センセーショナリズムの三点を上げることができる。

ＡＢＣテレビの二つのニュース番組では、処分場に埋め立てが許可されているのは「安定五品目」だと間違って報じている。この処分場は確かに安定型処分場であり、一般的には、ガラス・陶磁器くず、ゴム、廃プラスチック、コンクリート等建設廃材、金属の五つが埋め立て許可品目になっている。ところが、滋賀県は安定型処分場であっても金属の埋め立てを許可しておらず、当該処分場でも埋め立て処分してもよいことになっているのは、それを除いた四品目である。とくに、ドラム缶が大量に埋め立てられた疑惑が指摘されおり、それが闘争の一つの争点になっていたにもかかわらず、あたかも金属の埋め立てが合法であるかのような報道をしたのは問題であろう。取材不足との批判は免れ得ない。

また、ＮＨＫの二つのニュース番組は、硫化水素の発生原因として石膏ボードの埋め立てに問題があるとするものだった。硫化水素が発生するためには何らかの硫黄源と有機物が必要である。硫黄源として石膏ボードはあり得る話ではある。しかし、住民運動の争点は、なぜ安定品目しか埋め立てられていないはずの処分場に、硫化水素を発生させるほどの有機物があるのか、という問題であった。番組はこの点を無視して勝手なメディア・フレームを押し付けるものであった(5)。

さらに特にワイドショーにおいてよく使われた不気味な音楽と刺激的なコマ割り、コメンテーターたちのストレートな感情表現は、センセーショナリズム以外のなにものでもなかった。こうした問題点によって、テレビメディアは行政からも、また住民運動団体からもたいした信頼を得ることができなかったのである。

ところで、雑誌にしろテレビ番組にしろ、二月から四月の時期に報道が集中していることに注意したい。これは、新聞でAタイプの記事が多く出現する時期と重なっている。この時期に報道が集中したのは、運動が急激な盛り上がりを経て最初に中休みするこの時期が一定の総括をするのに適していたからだと考えられる。

さて、以下では具体的な事例をあげて、新聞報道が住民運動へ与えた影響を考えていくことにしよう。

事例一　致死量報道（『朝日新聞』一月二六日）

これは先に述べたが滋賀県の調査で、処分場内の地下九メートルで一五、二〇〇ppmの硫化水素が検知されたとの報道である。各紙の見出しを拾ってみると、『毎日新聞』：「硫化水素一万五二〇〇ppm検出」、『読売新聞』：「産廃処分場から高濃度硫化水素」、『産経新聞』：「栗東の産廃処分場で高濃度硫化水素ガス」、『京都新聞』：「高濃度の硫化水素検出」、『中日新聞』：「高濃度の硫化水素検出される」、そして『朝日新聞』：「致死量の一五倍超す硫化水素」となっている。『毎日新聞』と『中日新聞』の記事でも、硫化水素の致死量について触れられてはいるが、なかでも『朝日新聞』の記事は、硫化水素一五、二〇〇ppmの意味を明確に伝えるものであった。これ以降、住民運動団体はこの「致死量の……」というレトリックを何度となく使うことになる。この新聞報道は、読者にわかりやすい解釈フレームを提供した事例と言えよう。

事例二　栗東町安全宣言報道（『京都新聞』三月一〇日）

栗東町は処分場周辺の公園数カ所の土壌と松を調査し、公園の土壌にはダイオキシンの被害がないこと、松枯れはマックイムシの仕業であると結論づけた発表を行った。『京都新聞』は「町が独自調査　ダイオキシン『周辺問題なし』松枯れ『線虫が原因』」と報道したが、他社は無視した。なぜ多くの新聞は書かなかったのか。記者たちは、栗東町の調査結果に自信がもてなかったのである。『京都新聞』の記事の中で、町の担当者は「硫化水素ガスが原因なら、広葉樹がまず枯れるはず」と述べているが、この言葉はその調査が素人判断に基づくものであることを期せずして示している。というのは、大気汚染に広葉樹よりも針葉樹が弱いことは、専門家なら常識だからである。このまたダイオキシン調査にしても、試料の採取の仕方がデタラメであったことが後に判明する。この一件は、五月一九日に行われた町の説明会で住民からの批判の的になり、町は調査結果を発表しただけであって「問題なし」とは言っていないと弁明することになる。

「問題なし」と言わなかったかもしれないが、おそらく行政側がそう「言いたかった」のは事実だろう。この記事は、闘争関係において記事が一方の「真意」を顕在化させることで、双方の対立を高進させる機能を果たした事例である。

事例三　覆土案報道（全紙九月二一日）

県が作った専門家による調査委員会は、処分場に覆土をすることで硫化水素の発生を抑えるべきだという提言を出した。発生原因の解明と除去を求めていた住民運動団体にとって、この提言はとても納得できるものではなかった。

そうした状況にあって、この提言を報じる新聞記事は、『中日新聞』、『京都新聞』の二つと『朝日新聞』、『毎日新聞』、『読売新聞』、『産経新聞』では相違するものであった。すなわち、『中日新聞』は「県は年内にも方針を決める」、『京都新聞』は「『調査委員会の提言を踏まえ、処分場の周辺住民とも協議して県の対策を決めたい』としている」と報じた。

これに対して、『朝日新聞』は「県廃棄物対策課は『硫化水素を発生させないことが大切で、提言に沿って対応したい』と話した」、『毎日新聞』は「県は『業者の費用負担で、出来るだけ早く取り組みたい』としている」、『読売新聞』は「県廃棄物対策課は『調査委の結論に即し、住民側の意向も配慮して早急に対策を取りたい』としている」、『産経新聞』は「今回の報告を受けて県は、雨水を利用して原因物質の洗い流しを行うことや、臭気対策のため火山灰土壌などの資材を敷き詰めるなど、新たな対応に着手することを決めた」と報じている。

同日、運動団体の住民約五〇名は県庁へ抗議に押しかけたが、そこで当然ながらこの点が争点になった。調査委員会の提言がすなわち県の方針なのか、あるいはそれはそれとして県の方針は今後決めるのか、住民の追及に対してその場では県の担当者は後者であると主張した。しかし、それが抗議行動を受けての方針転換であった疑いは拭い切れない。

この事例は、新聞記事の顕在化させる「真意」が記者の解釈の領域にあるものであり、けっして一様ではないこと、そして事例二と同様に、新聞記事が闘争において相手を追及する道具になるということを示している。

事例四　県批判報道（『中日新聞』二〇〇〇年一一月三〇日）

事例二と事例三は、情報の発信が行政側であった。この事例四は、逆に住民運動団体側の発した情報が行政側を怒らせた事例である。

県は、問題企業に任せるのではなく、自らの予算を使って処分場の掘削調査に入ることを決めた。このことを受けて開かれた住民運動団体の会議に、『中日新聞』の記者が取材を申し入れた。取材は一社のみであり、したがって他の新聞は報じていない。この取材は「対策委では『県が何かやればやるほど、分からなくなってくる』の声もあり、目的や方法論など調査計画をきちんと立てて住民に説明すべきとしている」という記事になった。これは、会議でのやりとりを傍聴した記者が勝手に書いたものだとはいえ、住民側の気持ちと意見をほぼ正確に伝えたものと言える。しかし、この「本音」は県の感情を逆なでした。せっかく予算執行を決めたのにその言い方はないだろう、というのである。この事例も、新聞報道が一方の真意を顕在化させたことで、闘争の渦中にある行政と住民運動団体との対立を高進させた一例と言えるだろう。

事例五　ＲＤ人脈報道（『滋賀報知新聞』九月一四日、九月二一日）

かつて沼津・三島地区石油コンビナート反対運動を分析した奥田道大は、次のように述べている。「タブロイド版のコミュニティ・ペーパー（地域小新聞・俗に豆新聞）に、情報提供の真価が発揮された。もとよりコミュニティ・ペーパーといっても〝厳正中立〟な情報提供より、特定の見地にたつ言論的機能に基調がある。この言論的機能も、一部地域権力の利益代弁に堕しやすいことは、同時にコミュニティ・ペーパー自体への批判としても、広く伝えられている。（中略）だが、この批判がそのまま存在価値の否定につながらないことは、対象地において、コミュニティ・ペーパーが現実に果たした情報的言論的機能の大きさからも、知れる」(6)。

われわれの対象地でも『滋賀報知新聞』というコミュニティ・ペーパーが発行されていることは先に述べた。奥田の指摘は、われわれの事例からも十分首肯できるものである。『滋賀報知新聞』は、この問題に対して他の一般紙とは違って積極的な調査報道を行ったが、その代表的な例が、九月一四日と二一日の二週連続で取り上げた問題企業の人脈に関する報道である。これらは、ほとんどI記者というベテランの仕事だった。

問題企業、株式会社RDエンジニアリングの社長は現町長の甥であり、処分場の一部は町長の所有地である。設立時の会社の取締役には町長の妻が入っており、監査役は町長の弟であった。現在でも町長の妻は大株主であり、取締役の中には、助役の息子もいる。この会社の元営業部長が現町会議員になっていて、その親戚である県議会議員へ政治献金をしている。そして、県が作った調査委員会の委員長は、かつてこの会社を核とする研究会の座長を努めていた等など。

これらのことは、住民運動団体の内部では初めからよく知られていたが、当該問題とは直接関係ないからであろうか、一般紙では報じられることはなかった。とはいえ、住民にとってのニュース価値という点からみれば、この情報が重要なものであることは疑いえない。『滋賀報知新聞』の報道から五カ月後の『読売新聞』（二月一一日）は、前日行われた住民集会の記事の中で「住民側は……処分場の土地の三分の一が町長の名義で、町長の親族が同社を経営していることを指摘、『町長として5万5千人の命を守る義務がある。どちらに軸足を置いているのか』などの厳しい質問が相次いだ」と、初めて間接的ではあるが問題企業と町長の関係を報道した。地域紙の報道が、この情報を広く周知のものとし、いわば一般紙が記事にするうえでの露払い、地ならし的役割を果たしたと言えるだろう。

地域紙は、その明確な言論機能に一つの特徴がある。その反面で読者が抱く掲載記事への信頼は一般紙ほどではない。地域紙には、ちょうどスポーツ新聞や週刊誌と似たところがあると言ってもよいだろう。そして、スポーツ新聞や週刊誌が一般新聞とは違う情報を提供するのと同様に、地域紙はその地域にかかわる一般紙が取り上げない情報を読者に提供するという貴重な役割を担っているのである。

さて、以上五つの事例で取り上げた新聞記事は、いずれもがAタイプもしくはBタイプのものである。こうした、記者による構成度の高い記事がもっている機能は二つにまとめられるだろう。その第一は、読者に解釈フレームを提供し、状況の理解を手助けする機能である。第二は、究極のところはわからないにしろ、「真意」とされるものを顕在化させることによって、闘争を誘導する機能である。これら二つの機能によって、新聞報道は住民運動の闘争過程そのものに介入するのである。

5――アクターとしての新聞

これまで述べてきたことの要点をまとめることにしよう。

新聞記事は、新聞ごとの紙面の余裕、数か量かという編集方針、そして組織体制によって、その掲載頻度と類型に特徴を示す。記者による構成度の高い記事は、住民運動が初期の盛り上がりを経て中休みする時期に多く現れるが、そうした記事は、意味を縮減する解釈フレームを提供することによって読者に状況定義を促すとともに、取材対象者の真意を顕在化させることによって闘争過程そのものに介入する。

新聞は、情報の信頼性・公開性・保存性・携帯性において卓越したメディアである。また住民運動に関わる情報に限れば、迅速性と言う点でもさほど問題はない。それゆえ、新聞は未組織住民や他の運動団体への影響、すなわち世論の支援や運動の拡大への貢献という点を度外視してみても、重要な役割を果たしている。というよりも、それらよりも闘争過程そのものへの影響という点で、まさに比類ないメディアと言えるだろう。

その意味で、新聞もまたアクターであると言える。住民運動というドラマにおいて、新聞がアクターとして果す機能は、次のようにまとめられるだろう。

第一に、外部に情報を提供することで、世論の支援や運動の拡大へ貢献する機能、すなわち舞台に新たなアクターを呼び込む機能である。これはよく知られている。第二に、状況の定義を行うことで、他のアクターの視界を明瞭にする機能。第三に、他のアクターの真意を顕在化させる機能。これらふたつは本章が明らかにした。

さらに言えば、新聞にはあと二つの機能がある。ひとつはドラマの内容を歴史として記録する機能であり、もうひとつは、一定の間のドラマ展開を総括し批評する機能である。この二つの機能は、じつは社会学者が住民運動に寄り添うことで果す機能と同じである。

したがって、社会学者とジャーナリストの仕事は部分的に重なる。しかし、企業組織の論理に組み込まれた現代の新聞記者たちは、社会学者に比してその本分を十分発揮できる環境にあるとは言いがたい。数年ごとの転勤と常に読者の関心を引きつけるニュースを期待される状況のなかで、ひとつの事件に注目し腰を据えて地道に報道し続け論評する、ということは、M記者やI記者のような例外はあるものの、至難の技であろう。

新聞は、テレビや雑誌に比べればまだましではあるが、やはり、住民運動というドラマにおいて、新聞というアクターの注目すべき役割は、前三つの機能だと言える。(7)

(1) Max Weber, Gesammelte Aufs・tze zur Soziologie und Sozialpolitik, S. 434-441.（居安正「M・ウェーバーにおける新聞社会学の課題」『関西大学文学論集』171)、一九六七年、二一九〜四四頁。
(2) 宇井純『公害の政治学――水俣病を追って』三省堂新書、一九六八年、二一六頁。
(3) 大石裕「社会運動と世論」社会運動論研究会編『社会運動論の統合をめざして』成文堂、一九九〇年。同「社会運動とコミュニケーション」社会運動論研究会編『社会運動論の現代的位相』成文堂、一九九四年。大畑裕嗣「社会運動、マスメディア、受け手」『新聞学評論』37、一九八八年。片桐新自『社会運動の中範囲理論』東京大学出版会、一九九五年。小谷敏「紛争と地域紙――石垣島の経験から」『地域総合研究』17（3）、一九九〇年。同「選挙と新聞」『地域総合研究』19（1）、一九九一年。松浦さと子編『そして、干潟は残った』リベルタ出版、一九九九年。
(4) たとえば、マス・コミュニケーションの効果研究に議題設定機能をめぐる議論があるが、住民運動の当事者たちにとって議題は既に設定されているのだから、これは後者の過程にのみ適用可能な話であろう。
(5) 住民側は、「クローズアップ現代」の報道についてNHKに抗議した。その結果、後に出版された本では、「問題なのは石膏ボードが本来そこにあってはならない何らかの『有機物』と混ざり合った場合だ」となっている（傍点は原文）。NHK「クローズアップ現代」制作班編『クローズアップ現代vol.1　問われる日本の「人」と「制度」』日本放送出版協会、二〇〇〇年、一五八頁。
（6）奥田道大「マスメディアにおける地域社会の発見――沼津・三島地区コンビナート反対運動の事例分析」『新聞学評論』16、一九六七年、六三頁。同様の記述は、星野重雄・西岡昭夫・中嶋勇『石油コンビナート阻止――沼津・三島・清水、二市一町住民のたたかい』技術と人間、一九九三年、一九二頁。また水俣病問題の際にも『水俣タイムズ』という地域紙が重要な役割を担ったことがよく知られている。
（7）このことは、記事の全体において他事象との関連づけがあるＡＣの記事よりも関連付けのないＢＤの記事が多いことに示されている。

第6章　行政の論理

1——行政の組織文化

ＲＤ社は、市民運動団体（「考える会」）に対しては営業妨害だとして公害調停を申し立てたりしたが、地元住民全体を敵に回すのは得策でないと判断したのか、「合対」に対しては「行政の指導に従う」として接触そのものを避ける戦術をとった。その結果、住民運動の標的は、主に監督官庁である滋賀県と、基礎自治体でありトップの問題企業との関わりも深い栗東市に絞られた。何度となく繰り返された滋賀県や栗東市との交渉で見えてきたのは、行政の次のような体質、組織文化である。

①保身。自らの責任を問われることをおそれる無責任体制

例をあげよう。二〇〇〇年一月、私は、県による処分場内のボーリング調査に立ち会った。その作業を見守るなかで、ふと足元を見ると家庭でよく使うカセットボンベが落ちていた。とっさに、これは違法な廃棄物（許可外の金属製）であるし、持ち帰ってロット番号を調べれば廃棄された時期も推定できるかもしれないと思った。なぜそんなことを考えたのかと言えば、当時、許可期限を過ぎても埋め立てが行われていたという疑惑が取り沙汰されていたからである。私は、隣にいた市の職員に確認した。「ここに缶が落ちていますね」。すると驚くべき返答が返ってきた。「私には何とも言えません」。目の前にあるものが「ある」とも言えないのである。何のために、彼はここにいるのか私には全くわからなかった。これは、この職員だけが異常なのではない。同じようなことは何度かあった。あるときは、処分場で医療用器具を見つけて、近くにいた県職員に尋ねた。彼は、そこに医療用器具が落ちていることは認めた。しかし、私が続けて「これは許されるんですか」と尋ねると彼は言った。「これは貴方が持ち込んだのかも知れませんし、私には何とも言えません」。

問題は現場の職員に限らない。二〇〇〇年の年末、私は、今後の調査についてこちらの要望を申し入れるため「合対」の主要メンバーと一緒に県廃棄物対策課（現在の資源循環推進課）を訪ねた。ところが、連絡の行き違いがあって、県庁にはこの問題に対する県側の責任者であるY管理監しかいなかった。具体的な話はできず、こちらの要望とアンケート調査で得た地元の声を申し伝え、簡単な意見交換をした。私は、いつものようにその経過を文書にまとめ、地元の住民に報告した。つ

いでに、廃棄物対策課にもその文書をファックスで送っておいた。ところが、これがY管理監の逆鱗に触れる。翌年、年が変わって初めて顔を合わせた彼は不機嫌だった。「もう話はできない」という。理由を尋ねると「あんな文書を出されると安心して話せない」と。どうやらファックスを見て怒っているのである。文章のどこに問題があるのか、と聞いたが答えない。どこというのではなく住民（あるいは部下？）に伝えること自体が許せないというのである。あげくは、住民に報告する文書は、事前に自分に目を通させてほしい、という。

呆れた。「言論の自由」がどうこうというレベルではなく、たんに自分の発言に対して、責任を問われるのを恐れているのである。末端から上部の職員にいたるまで、責任ある仕事についている者が責任ある発言をしないという病理、これは深刻である。

②インクリメンタリズム（小出し主義）

リンドブロムは、政策決定にあたっての、物事を単純化して考えること、必要最小限の限界的変化を追求すること、目標から手段が選ばれるのではなく手段が目標を決定すること、決定は連続すること、といった行政の問題対処の仕方をインクリメンタリズムと名づけたが、滋賀県の対応はまさにそれだった[1]。

硫化水素問題、高アルカリ水問題、違法トレー問題、地下水汚染問題、ドラム缶問題は、問題ごとに個別に対処され、まさに木を見て森を見ない態度がとられた。事態が進展しても、大きな政策転換はじめから排除された。毎年の予算規模で対応できることが選択され、「まずは」「とりあえず」という言葉が繰り返された。

この問題で当初から住民の不満の種だったことは、行政に全体的展望がないということである。たしかにこれまで県は、最初の硫化水素発生地点である排水管調査、処分場全体のガス調査、ボーリング調査、電気探査、掘削調査を行ってきた。またＲＤ社に改善命令、措置命令を出した。しかし、それらは処分場の実態解明をする全体計画にのっとって行われたわけではなく、その都度その都度、住民運動に背中を押されるようにして処理してきたに過ぎない。

「わかりました。それでその結果が出たらどうするんですか」「やってみた上で検討します」。こうした会話が何度繰り返されたことだろう。住民側としては、常に幕引きされる不安をいだきながら県の対応を見守るしかなかった。

こうしたインクリメンタリズムが生まれる背景には、前述したような、職員に普遍的に存在する保身体質のほか、一部署に数年しか止まらないという人事制度、行政職員として目指すべき価値がしっかり教育されていないことなどが考えられる。

③住民との窓口を狭め、権威を守ろうとする態度

二〇〇〇年九月、私は県調査委員会が硫化水素問題に一定の報告を行ったことを受けて、県に対して調査委員会にかわって全体的な問題解決を図る住民参画の組織を作ることを提案した。それ以

来、機会あるごとに県をうながしているのだが実現していない[2]。県は「主体的に取り組む」と言うだけで、いっこうに実がともなっていない。

住民参加の環境調査委員会を作り、そこが主体となって調査検討を重ねた栗東市とは違って、県には住民側との窓口をなるべく狭めておこうとする傾向がある。二つ事例を上げよう。

二〇〇三年一〇月F集落は「RD問題の早期解決を求める要望書」を県に提出した。住民側は、事前にE部長に面会の約束を取り付けていたが、知事宛の文書なので知事室へ文書を提出し、その後部長とお会いしたい、と伝えた。ところが、それはだめだというのである。まず初めに自分のところに持って来い、と言う。それなら渡す際に知事室に来てくれないかとも言ったが、それもだめだという。部長室と知事室は同じ建物で一階違うだけである。何故来られないのか住民には全く理解できない。こちらが譲らないと、結局彼は面会を拒否した。そんなに大事な他の仕事でもあったのかと思い、後日情報公開制度を使って彼の当日の勤務を調べたところ休暇を取ったことが判明した。

二〇〇六年六月、RD社破産をうけて県は庁内に「RD問題対策会議」という各部署の横断組織を設け「措置命令の行政代執行や処分場の監視体制などについて協議する」と発表した。F集落は、すぐさま県に対して、その組織のメンバーとの話し合いの機会を作って欲しい、と申し入れた。しかし断られた。話は従来からの職員を通じて聞くというのである。要するに、窓口になる職員を飛び越えて、「上の」組織と接触することはだめなのである。

行政組織は位階制を基本とする。これに対して住民、そして住民運動組織は平等原理をもっている。行政は、住民参画によって、自らの組織秩序が乱されることをなかば本能的に恐れるのかもしれない。組織内の上位者ほど、住民とは距離を取ろうとし、結果として住民の意見は意志決定組織の下位でしか受け付けられない。

④場面、場面によって対応を変えるというご都合主義

県調査委員会は、硫化水素発生原因を特定することなく、覆土して発生を防ぐべきという報告を提出した。県廃棄物対策課は、この報告に沿って対応したいと新聞記者らに語りながらも、翌日住民が大挙して抗議に訪れると、あれは調査委員会の報告であって県の対策は今後検討する、と前言を翻す。また、県と市とを問わず、住民の前や議会答弁では、「住民の皆様の意見をよく聞きながら」とか「住民の皆様の不安を払拭するのを最優先して」とか、言いながら、その実、住民と十分に協議することなく調査を行い、試料の検査結果を発表する。(3)

ある時、前述のY管理監とこれまでの県と住民の軋轢の原因について、ひざを突き合わせて話す機会があった。私は個別事例を問うのではなく、それを一般化した論理で説明した。彼は私の話を聞いた後でこう言った。「そういう話は研修の際に言ってください」。

私はすべてを理解した。行政職員は、その時々の場面場面を無難にこなせば良いのである。一貫性や熟慮は求められない。だから、日常の業務は業務、研修は研修として片付けられる。場面と場面の間には多少の矛盾があってもかまわないのである。

⑤秩序への強い志向性

住民運動の過程では住民と行政の意見対立は日常的である。しかし、両者はともに「一日も早い問題解決」を願っている。これは同じだろう。ただし、行政の場合にはその思いが先走って、問題をなるべく小さく収めようという圧力になる。たとえば、市は周辺環境についていい加減な調査で早々に「安全宣言」を出そうとしたし（第5章参照）、この問題を広報で伝えたのは、住民が要求してから後のことであった。また県は処分場内の廃棄物中有害物の検査方法にあえて値が低く出る方法を採用した(4)。

住民は、自らの生活がかかっている。もし一時の我慢をして問題が解決されるというのであれば、この際徹底的に問題点を明らかにして対策をとってほしい、と考えるのが普通である。このことは、「生活影響調査」で対策案を複数回答で聞いたとき「埋め立られた物はそのままで硫化水素の発生を押さえるための覆土」を九四パーセントの周辺住民が拒否したことに示されている(5)。

しかし、住民のそうした気持ちは行政側に伝わらない。行政にとってみれば問題が拡大したり、別の問題に飛び火したりすることは、なんとしてでも避けたい。時間がかかっても平穏に済まそうと考える。それゆえ両者はともに秩序を志向しながら対立することになるのである。

⑥市より県、県よりも国が優先するという位階秩序

行政組織が強い位階秩序に縛られていることは既に指摘した。同じことは、市と県、県と国という行政組織の間にも妥当する。このことを上位にある行政体に尋ねると、この分権の時代にそんなことはないと否定する。しかし、言葉とは裏腹に実際の「上位」の行政体の「下位」の行政体への態度は、かなり横柄である。

栗東市は猪飼市長時代に六回、現在の国松市長になってから一三回の要請書を県に提出している（二〇〇六年三月まで）。これに対して、県からその返答が文書で届いたのは一回限りである。地方分権がたしかに当然のごとく言われているが、国と県と市の関係において明らかに中央優先の位階秩序が存在している。それは、処分場の浸透水から環境ホルモンであるビスフェノールAが異常に高い値で検出された際に、市の環境調査委員会において、国に問い合わせるべきとの委員の意見に答えた市の環境経済部長の発言に如実に表れている。

「直接ですね。市町村が、前にも申し上げたと思うんですけども、直接市町村から本庁に向かってですね。何々をというのはちょっと憚るんですよ。県を通して、都道府県を通してということに一応なっているんです。不思議に思われるかもしれませんけど、そうですわ[6]」。

この件でも、栗東市は県に対して環境省へ問い合わせて欲しいと頼んだが、その返答はついに届かなかった。

また二〇〇六年RD社の破産と前後して、滋賀県は栗東市と連絡協議会を作るとともに、環境省

に専門家チームの派遣を依頼した。連絡協議会は事務の取りまとめだけが交互に行われたものの、開催は県が主導した。ところが、住民が今後の対応方針を尋ねると滋賀県は「(今後来る予定の)専門家チームの助言を聞いて対応する」というばかりだった。(7)

⑦安全と安心を同一視する錯誤

最近では「安全安心のまちづくり」という言葉が行政の流行語になっている感があるが、安全と安心は異なるものであることに留意すべきである。

安全は、人間の行為にかかわるものであり、基本的に人間は間違いをしでかすものであるという前提の上に、基準を定めて被害を未然に防止しようというものである。これにたいして安心は、人間そのものにかかわっていて、基準などない。たとえば、米国産牛肉に比して国産牛肉は「安心」だという。しかし、そういう人が、どれだけ国産牛肉の生産や流通の状況を知っているだろうか。おそらくただ単に、多くの日本人の手を通して食卓にのぼる肉の方が、外国人が生産し売ったものよりも安心だというに過ぎないだろう。

住民や消費者の求めるものは「安心」である。これに対して、行政は「安全」を第一に考える。何を食べさせて育て、どういう処理をした肉なのかというわけである。「基準を守ってもらわないと困る」。このように、行政が加害者になるかもしれない側に説得する道具が「基準」なのである。

この問題に関しても、県は何ppmだから問題ないとか、何mg/リットルだから問題だとか、何μ

S／㎝だから注意が必要だとか、化学的な話をよくした。しかし、それらの話は、被害者側の住民にほとんど説得力をもたなかった。先に、安全には基準があると述べたが、これは厳密に言えば間違いである。被害者側にとってみれば、基準はあって、ないのである。住民はそのことを知らないほど馬鹿ではない。「あって、ない」というのは、次のような意味である。

化学データは調査方法や検出方法によっていくらでも変わる。先に述べたように、県は、採取した試料をいったん乾燥させてから調べた。その結果揮発性の有害物は出てこなかった。当たり前である。また、正確な検査をしたとしても、有害さの基準は国と時代によって変わって行く。その都度改定される基準にたよって安心を得ることはできない。

今一度述べれば、住民側が望むのは安全ではなく安心である。では、安心はどうしたら得られるのか、それは住民のことを心から心配し、親身になって対処し、その期待を裏切るまいとする誠実さによってである。環境ホルモンであるビスフェノールＡが異常な値で検出されたとき、県と市の職員は言った。「基準がないのでどうしようもありません」。これでは住民の安心は得られない。

行政の問題は、ここであげた七点につきるわけではない。官僚組織において、よく言われる専門主義（いわゆる縦割り行政）の弊害もある。ＲＤ社は都市計画法に違反した本社屋を使っていたが、廃棄物対策課の県職員はそこに何度も出入りしながら、そして知っていたはずなのに問題にしなかった。また住宅課に出されたガス化熔融炉の付属施設の建築申請では、一八メートルのゴミの上にあることが明示されていたが、廃棄物対策課は炉の基礎の安全性を問題にしようとはしなかった。

また、後に述べるが、住民からの質問や要望に対する返答の遅さは、役所内では世間とは違う時間が流れているのではないかと思うほどである。しかし、これらは多かれ少なかれ、どこの行政体にもあることなのかもしれない。上述の七つの組織文化は、そうした一般的な水準をこえて、とくに住民側に不満を与えたものである。

知事の不法投棄

以上述べてきた組織文化が、集約的に表れたのがF集落が知事を刑事告発した事件であろう。「環境こだわり県」をキャッチフレーズにしていた現職の知事が不法投棄で住民から告発されるという、極めて珍しい出来事は以下の経緯で起こった。

滋賀県は、RD社の処分場を発生源として地下水汚染が起きていることを認めた。そして県は、一九九八年に許可深度を越えて掘削し、県からの指導を受けて「良土」で埋め戻させた地点が原因だとして、二〇〇一年一二月にその地点をもう一度掘り返し、地下水への流入が起きないように遮水措置をとるようにという改善命令をRD社に出した。

この遮水工事が有効なものであったのかという点については既に述べたように、それ自体ひとつの問題であったが、この工事にはそれ以外にも県と住民側の対立点があった。

廃棄物処理法は、度重なる改定をして埋め立て処理をしてもよい廃棄物の範囲は、年を追うごと狭まっている。いったん掘り出した廃棄物を再び埋め戻す際に、その厳しくなった現行基準を適用するのか、それとも、これはかつて処分されたものだとして、そのまま埋め戻すのか、という問題が浮上したのである。

廃棄物処理法は一九九七年に改正され、プリント配線盤・石膏ボード・有害物質または有機性の物質が混入または付着している容器包装は、安定品目から除外された。この地点は一九九八年に埋められた。しかし、実際にこの地点にある廃棄物がその時点の基準を満たしていなくても、それ以前に処分されたもので処分場内のどこか他の個所から移動させられた可能性も残る。掘削によって一九九八年の基準を満たさないものが発見されても違法だとは断定できない。実際、その地点からは石膏ボード・ポリ容器などが出てきた。

これら現行基準では違法に当たる廃棄物、なかでも石膏ボードは、硫化水素発生の際に、県の調査委員会が原因物質の一つとして指摘したものであり、住民側は当然それを再度埋め立て処分することに反対した。ところが、県は掘り出した一〇トントラック七、二九六台分の廃棄物について、そのままの埋め戻すことをRD社に許可した。

そこでF集落は、この工事は滋賀県知事がRD社に命じたものであり、実際上滋賀県知事による不法投棄だとして、國松善次知事を大津地方検察庁に告発したのである。滋賀県がこうした判断に至った背景には、以下の三つの理由が考えられる。

第一に、一度掘り出した廃棄物の再処理には多額の費用がかかり、県は、RD社はその負担に耐えられないと判断したこと。

第二に、その費用を県が負担することには、正当性が得られないと判断したこと。

第三に、環境省もそうした滋賀県の判断に理解を示したことである。(8)

しかし、それが環境にとって問題ないことなのかどうかは明白であり、ここには、環境を守ることよりも組織の論理を優先させる行政の思考が、象徴的に表れていると言ってよいだろう。(9)「埋め戻しは処分ではない。したがって、基準は適用されない」。この行政の理屈が世間常識と乖離していることは明らかであろう。

2——議会と調査委員会

地方議会は、国政とは違って二元代表制をとっている。すなわち、首長と議会議員は別々の選挙で選ばれ、両者は予算執行に民意を反映させるために切磋琢磨することが期待されている。しかし、現実にはどうだろうか。

議会の機能不全

もともとRD社の産廃処分場のある一帯は、栗東町議会が一九八六年九月議会で決定した「自然休養公園構想」において、「中央ブロック」とされ、テニスコートと宿泊施設がつくられるはずであった。

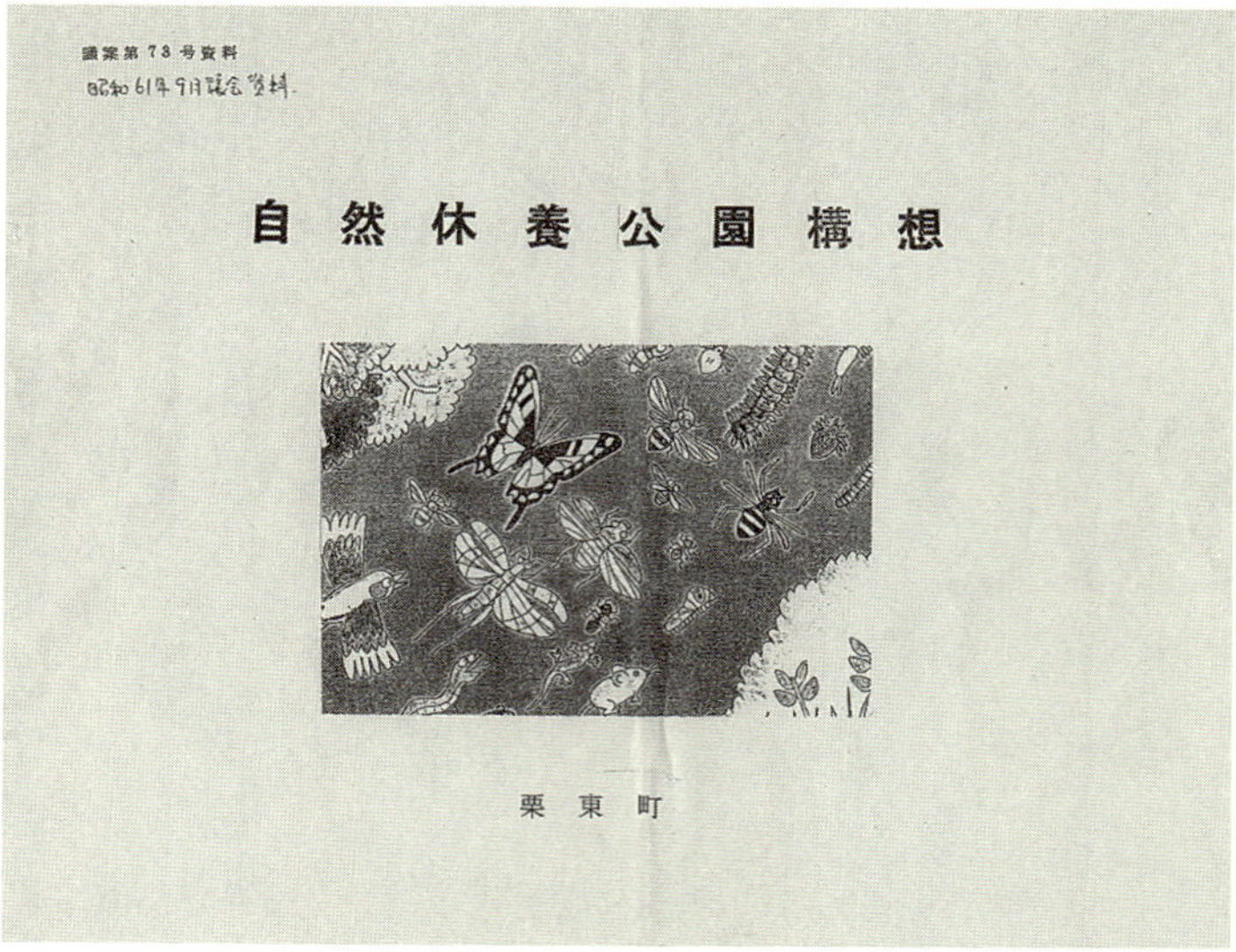
議案第73号資料
昭和61年9月議会資料
自 然 休 養 公 園 構 想
栗 東 町

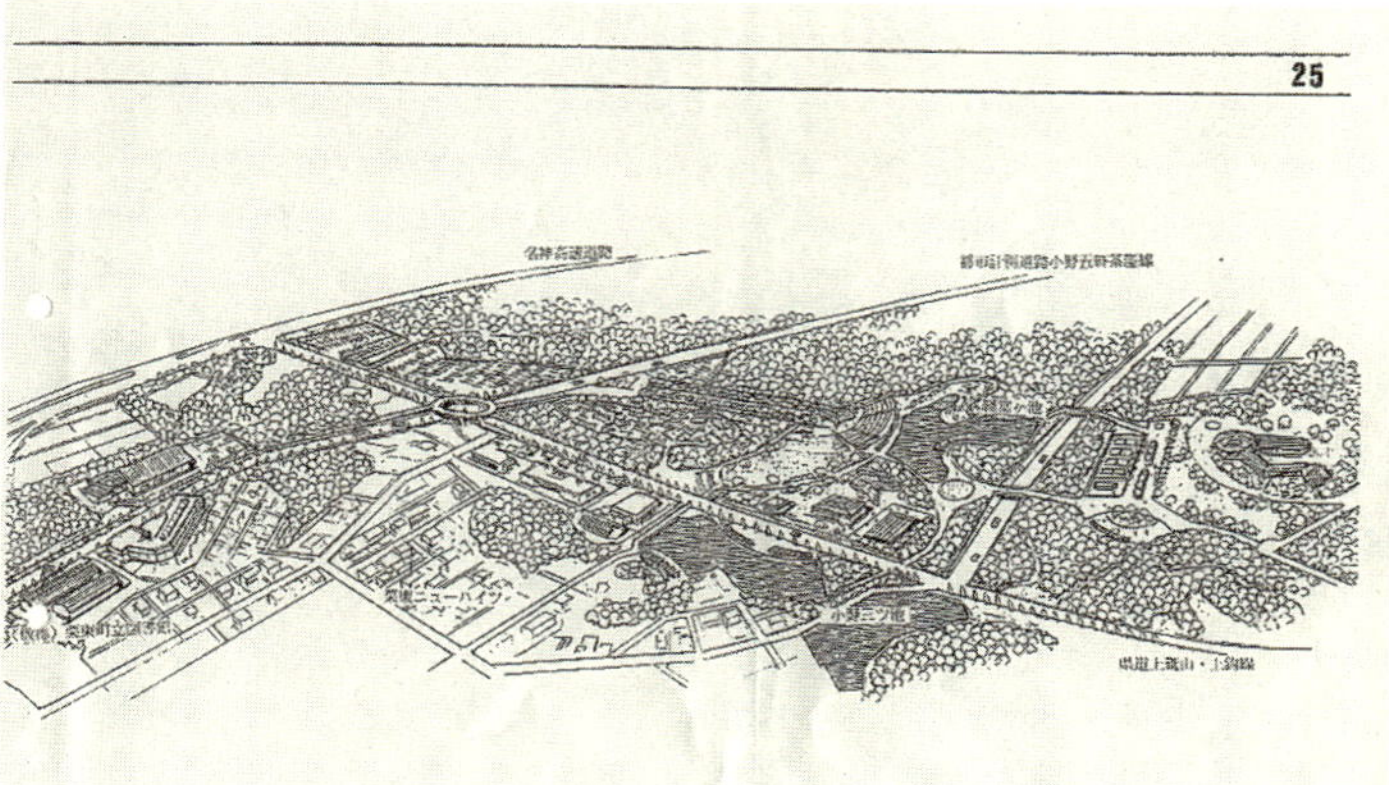

ところが、この決定を無視して、処分場は拡張されガス化熔融炉は建設された。私は、その間の経緯がわかる文書を栗東市に情報公開請求したが「不存在」という返答だった(10)。

二〇〇〇年六月、「合対」は三六、七五三筆の署名とともに「RD処分場の実態解明と有害物撤去等適正な処置」をもとめる請願を県議会に提出し、採択された。しかし、六年たっても処分場に実際埋め立てられた廃棄物の総量さえも明らかになっていない。

議会は、議案の審議の際には熱心になるが、一度その議案が通ってしまうと、それがちゃんと執行されたかどうかという関心はあまりないようだ。また、請願提出にあたって「合対」は全会派の紹介をもって提出しようとしたが、自民党会派は共産党との連名にあくまで難色を示し、結局地元選出の二人の議員(自民党・民主党)だけを紹介議員にせざるを得なかった。自民党会派の難色の理由は「予算案に反対したところと一緒にはやれない」というものである。市議会はそれ以前の問題だった。事前に問題への関心等を聞くアンケートをしたところ、返答さえしない議員が大多数を占め、住民側のやる気そのものを萎えさせてしまった。

行政同様、不勉強と党利党略と言ってしまえばそれまでだが、議会には特殊な論理が存在している。

嘉田知事になった現在を除いて、県議会も市議会も与党が多数派を占める状況が続いて来た。「住民運動をしなくてもよい議会にしよう」。市議会議員になった「合対」メンバーの一人(事務局長だったI氏)が選挙で掲げた主張は、まさにこれまで議会が行政のチェック機能をしっかり果たしてきたのかを問うものであった。

調査委員会

筆者は、栗東市が作った環境調査委員会の委員長を六年以上務めている。また一人の住民として、滋賀県が作った硫化水素問題調査委員会の活動をみてきた。その経験から五点述べることにしよう。

第一は、行政にとって、調査委員会を作ることは単に専門的知識を調達する以上の意味を持つということである。

栗東市の環境調査委員会は、住民参画組織であったため、この組織を作ったことで行政への追及は緩和されることになった。栗東市の動きは、調査委員会を通じて住民側に知らされ、住民側の声は調査委員会を通じて行政に届くので、住民と行政との距離は著しく縮まった。つまり、対立の緩衝機能を果したわけである。

県の調査委員会は専門家だけの組織だったから、こうしたことはなかった。しかし、県にとって全く無駄だったわけでもない。すでに述べたように、県の調査委員会は、早々に処分場は硫化水素発生の原因物質を特定しないまま覆土案を答申したが、滋賀県はそれが住民側から猛反発を受けると覆土はせず調査を継続する方針を表明した。県は住民側から批判を受けると、それは調査委員会の意見で滋賀県としての対応は別と言い逃れた。結果的に、調査委員会は住民側の意向とその強度を探るアドバルーンになったとも言える。

第二は、独立性の曖昧さである。調査委員会は県にしろ市にしろ、首長の諮問機関という位置づけである。しかし、審議内容については、首長に対してばかりでなく住民に対する説明を求められる。また、それは住民の期待がある以上必要なことだろう。しかしこのとき、その説明は委員会としてのものなのか、行政体としてのものなのか、という点が、はなはだ曖昧になる。

栗東市の調査委員会は開催ごとにその審議内容を広報で報じた。その原稿は、行政の担当者がまず書いて、それを委員長である私が修正した。しかし、度々トラブルが起きた。たとえば、モニタリング調査結果の報告があったとしよう。その事実を広報に書く際に、「報告がありました」と書くのか「報告しました」と書くのか、という問題がある。委員会としては、報告を受けたという認識であり、行政は報告したという認識である。行政からは、広報は行政の責任において出すものだから、主体は行政だという。これなどは瑣末な問題だが、なかには委員長の私と行政担当者でいったん合意した文案が、上司の指示で覆り、印刷された時には一部削除されたり書き換えされていることもあった[11]。二度行った調査委員会による市民説明会の資料も同様である。

第三は、前述の件とも重なるところもあるが、権限の限界である。調査委員会でいくら調査をして対策案を提案しても、それが実現されなければ意味はあったとは言えない。実現するかどうかは政治と行政の役割だ、理想案でもいいから提言をまとめろ、と言ってくれるのならこちらとしては大変ありがたいが、そういう首長はまずいない。そこで調査委員会では、行政側の覚悟がどの程度あるかを推し量りながら仕事をすることになる。また、対策案を検討するにあたっては関係者へ、それが受け入れ可能なものなのかについて、あらかじめ感触を得ておくことも必要になる。しかし、そうした折衝は本来委員会ではなく行政そのものの役割である[12]。そして行政はそこまで仕事を委ねようとはしない。この点でも行政側の下す判断が調査委員会の意見に介入することになる。すなわち、調査委員会は行政から独立して自由に意見を述べることができ、行政に自由に勧告できる組織ではない。

第四は、調査委員会に加わる専門家の意識についてである。第1章で、専門家と知識人の違いについての、ハーバーマスの言葉を紹介したが、行政が作る委員会に「専門家」として加わる人には、行政が提出した問いに答えようとするだけの人と、知識人として専門知識を問題解決に活用しようという人との二つのタイプがあるように思う。

県が作った調査委員会は、非公開で行われ、委員は一度市民説明会に顔を出しただけで、住民側の再三の申し入れにもかかわらず、住民との直接的な話合いに加わろうとしなかった。これに対して、市の調査委員会は、詳細な議事録が作られ、会議そのものも、途中から報道関係者に公開された[13]。また二回にわたって市民説明会を開催し市民の質問に答えた。さらに委員のなかには、個人的に住民運動団体の会議に出向いて説明した人も数名いた。つまり、県の委員は専門家として、市の委員は知識人としてふるまったのである。市の調査委員会のある専門家の委員は、第一期の任期を終えるにあたって次のように述べている。

「一番勉強させてもらったのは、行政の、県と、あるいは市との関係と言いますか、あるいは住民と市との関係というか、そういうところを少し勉強不足でしたので、非常にいい勉強の機会を与えていただいたと思っております。全然、この廃棄物、専門でないんですけど、僕、数年前は県の廃棄物の審議会の部会長だったんです。もしそのまま、それをT先生に、もともとご専門なんで、この前の任期変えのときに、私もう水にさせてくれと言うて変わったんですけど、もし変わりそこねておれば、T先生と同じように、県の委員会は言うて、ものすごく批判される立場にあったんじゃないかと思って、内心喜んでおります」(14)。

第五は、自然科学偏重の問題である。

行政は、このような環境問題が起きると、多くの場合専門家で構成される調査委員会を組織して、調査や対策の検討を行わせる。しかし、その場合の専門家には、社会科学者は含まれず自然科学者だけであることがほとんどである。

確認しておきたいことは、環境問題は、異常が生じた原因を自然科学的に明らかにすれば済む、あるいは自然環境を以前の状態に戻せばよいという問題ではない、ということである。それらはもちろんのこととして、問題が起きた社会的原因を究明し、社会的被害の実態を明らかにし、傷ついた地域イメージや人々の紐帯といった社会環境を復元し、今後同じような問題を起こさないように何らかの方策を講じる、という課題が残される。これらに対処するためには、「自然」を対象にする専門家ばかりでなく、「社会」を対象にする専門家の力が不可欠であるのは言うまでもない。しかし残念ながら、今の日本の行政は、国と地方を問わず、こうした問題意識が希薄である。

実際、調査委員会の委員長をした経験から言えば、自然科学の先生方は、総じて調査データの解釈については、きわめて積極的に熱弁をふるう。しかし、会議の公開の仕方や行政に対する提言の仕方、あるいは一般市民に対する説明の仕方の議論になると、その意見にデータ解釈時ほどの熟慮と信念が反映しているとは言い難い。やはり、こうした組織には、社会科学者の参画が必要であろう。

ディス・コミュニケーション

情報公開制度を使って調べたところ、二〇〇〇年一月から二〇〇六年五月までの間に住民側は滋賀県に対して計二二回の質問・要望を提出して文書で返答をもらっている（次頁表参照）。内訳は、「考える会」一一通、A集落一通、F集落七通、G集落一通、「合対」一一通である。返答までの期間は一週間から三カ月以上とバラバラである。

これらの住民側の質問書・要望書とそれに対する県からの回答を読むと、県が住民に対してけっして丁寧な対応をしていなかったことがよくわかる。いくつか例示することにしよう。

①はガス化熔融炉について、「考える会」から出されたものである。一〇日以内の返答を求めているが、回答はほぼ一月後の二月一七日付で出されている。

住民側の質問は五点にわたってそれぞれに具体的に述べられている。（以下の記載は、項目はそのまま、［　］内は具体的な質問項目を私が要約したものである）。

1．炉の設置場所及び耐震強度等についての質問［ガスが発生している所に建つことや地震に対する安全性］ 2．県が認識する事故の定義及び責任の所在についての質問［ダイオキシン・有毒ガス・地下水汚染・河川汚染への対応］ 3．事故の全面補償に関する質問［住民への健康保障、農作物への保障、保険加入をさせるのか］ 4．県のガス化炉に対する認識についての質問［構造の理解、安全性の認識、同型炉の事故についての認識］ 5．その他本格稼働及び試験運転についての質問［試験運転時のデータの取り方、埋立地からガスが発生している状態での稼働の是非］。

整理番号	発信元	文書名	発信期日	回答期日
①	考える会	㈱RDエンジニアリングのガス化溶解炉について（お願い）	00. 1.19	00. 2.17
②	A集落	要請書	00. 5. 9	00. 5.16
③	「合対」	（口頭依頼）	00. 5.15	00. 5.19
④	考える会	無題	00. 9.11	00. 9.29
⑤	G集落	要求書	01. 6.29	01. 8.17
⑥	「合対」	要求書兼質問状	02. 7. 2	02. 7.19
⑦	「合対」	RD産廃処分場における強アルカリ排水原因調査についての要望書	02.12.27	03. 2. 5
⑧	「合対」	滋賀県実施調査における検体「前処理」に関する質問	03. 7.16	03. 7.31
⑨	「合対」	滋賀県実施調査における検体「前処理」に関する質問(2)	03. 8.25	03. 9.16
⑩	F集落	RD問題の早期解決を求める要望書	03.10.29	04. 1.27
⑪	「合対」	処分場有害汚染物質除去の基本計画と新たに判明した有害除去　要望事項	04. 1. 7	04. 2.13
⑫	「合対」	RD処分場に関する現時点の重点的取り組みの要望書	03.10.29	04. 1.27
⑬	F集落	㈱RDエンジニアリング産廃処分場内の工事と調査に関する要望	04. 8. 4	04. 8.27
⑭	F集落	RD処分場改善工事についての質問書	05. 3.11	05. 4.15
⑮	「合対」	深掘り穴「改善命令」実施に関する質問状	05. 4. 1	05. 4.15
⑯	F集落	（口頭依頼）	05. 4.17	05. 5. 2
⑰	「合対」	公開質問状	05. 7.26	05. 8.31
⑱	「合対」	公開質問状（再）	05. 9.12	05.10.11
⑲	F集落	（口頭依頼）	05. 9.22	05.10.11
⑳	「合対」	要望書	05.10.11	05.12.15
㉑	F集落	「㈱RDエンジニアリング産廃処分場の実体解明と有害物撤去等の適正措置」の早期実現を求める質問書	05.10.13	05.12.15
㉒	F集落	RD処分場問題に対する行政対応についての質問書	06. 5.17	16. 8. 9

これに対して、県側の返答は全くそっけないものであった。全文を記す。

「平成10年7月3日付で許可した（株）アール・ディエンジニアリングのガス化熔融炉施設については、廃棄物の処理及び清掃に関する法律（以下「廃棄物処理法」という。）に照らして審査し、適法な施設であるとして許可いたしました。今後、施設完成後の使用前検査につきましては、一定期間の試運転により施設の機能が廃棄物処理法に定める性能を有していることを確認のうえ、実地稼働を認めることとしています。また、施設稼働後の維持管理につきましては、定期的な監視指導を実施し、その適正を期したいと考えております」。

⑪は、「合対」が四年経っても処分場の改善が進まないことを踏まえて提出した要望書である。一月二〇日までの回答を求めたが、回答は二月一三日付けで出ている。以下の三点を要望している。

1．処分場の有害汚染物質の全面的な除去のため、基本的全体的計画を立て実行してください。
2．さしあたり、場内に充満している発癌性のある揮発性有機化合物ガスの原因調査を本格的に行い、原因物を除去してください。
3．県の調査で「不正確」な結果になった検体の「前処理方法」の技術的間違いがなぜ起こったのかを明らかにして住民に知らせてください。

このうち3についての返答は、事実を認め詫びたうえで今後の教訓にしたいというものだった。前二つの項目に対する返答は次の通り。

1について。

現在、改善命令に基づき、A集落側環境改善工事に順次取り組ませているところであります。問題解決には、まずは、この命令を着実に履行させていくことが何より大切であり、今は、これに向け全力で対応すべき時期であると考えております。従いまして、ご要望にありますような計画を、今の時点で新しく立てることにつきましては考えておりません。しかし、工事や調査の過程におきまして、有害な廃棄物の存在が明らかになった場合には、当然のことながら、適正に除去させてまいります。

2について。

A集落側環境改善工事の事前調査として実施しました表層ガス調査において、ベンゼン等の揮発性有機化合物のガスが検出された区域につきましては、今後、対応が必要とであると考えており、工事終了後において然るべき調査を県において実施してまいりたいと考えております。また市道側の区域につきましても、この調査時に併せて、どのような対応をしていくべきか検討してまいりたいと考えており、これまでの調査結果や住民の方々との協議結果等を踏まえながら、必要な調査を行い、適正に対処してまいりたいと考えております。

この返答には、行政のインクリメンタリズムが顕著に表れている。「適正に除去」「適正に対処」は当たり前である。1の返答では、行政側は問題の全体的な把握を避けている。2の返答では、住民側がガス問題を処分場全体の問題としてみているのに対して、行政側は処分場内の特定の区域の問題として認識していることがわかる。

⑭は、F集落が改善命令の実施にかかわって五点にわたって質問したものである。一カ月以内の返答を求め、それにやや遅れて回答が届いた。質問ごとに県からの回答をつけて記載する。

1．滋賀県は、処分場内で発生する汚水を処理するために、RD社に水処理施設を造らせたものの未だ稼働していません。これでは改善命令が履行されたとは言えません。稼働させないことに対してRD社に対して、今後どのような対応をとるのかお聞きします。

回答：未処理施設の設置につきましては、改善命令の一つとして平成14年11月に施設の設置が完了しています。処理水の放流先の方々のご了解がいただけないことから、現在まで、当該施設を維持するための臨時的な運転のみの稼働となっています。本格的な稼働を行うためには、RD社による放流先の方々への十分な説明によりご理解を得ることが必要と考えられます。今後、RD社を強く指導するとともに、栗東市と一緒になって、地元の理解と協力を得て、早期に本格稼働をさせてまいりたいと考えております。

2．深堀穴の工事については、「掘削により廃棄物を移動させたうえで、浸透水の流出防止対策を実施すること」という命令にもかかわらず、掘削側面の廃棄物については移動させず、薬剤を注入するという措置が取られました。この重大な命令違反を滋賀県自らが承認したことは、地域住民の信頼を裏切るものと言わざるを得ません。この判断の根拠（工事の目的と廃棄物除去をしなかった理由）を明確にしてください。

回答：今回の深堀箇所是正工事は、平成10年当時に施設設置計画以上の深さを超えて掘削が行われた地点、いわゆる深堀穴底部からの浸透水の流出を防止するために実施する工事であります。RD社に対しましては、深堀箇所の廃棄物を可能な限り重機により掘削・移動するよう強く指導し、当初計画よりも大幅に拡大して掘削をさせたところです。ただ、北側と西側の一部では、更なる掘削が工事の安全施行上極めて困難と判断されたことから、廃棄物が一部残るという状況になったところです。このため、簡易ボーリングにより廃棄物の奥にある地山の存在を確認し、さらに一部残りました廃棄物の下層部には、セメント系硬化剤を注入する薬剤注入工法による工事を実施し、遮水性能を高めたものです。

3．深堀穴の埋戻しにあたっては、サンプリングをして廃棄物の成分分析を行うほか、目視で明らかな違法物を除去するだけで、再び埋戻すと聞いています。いったん廃棄物を移動した以上、現在の廃棄物処理の規準に照らして処理するのは当然であり、この措置は、違法性の疑いが極めて強いと考えます。滋賀県が今回の措置を容認された法的根拠をお尋ねします。

回答：今回のＲＤ社に対する改善命令は、法に定める産業廃棄物処理施設の維持管理規準等に不適合であると認められることから、地域住民の皆さんのご意見もいただきながら必要な改善を命じ、ＲＤ社はそれに従ったものです。したがって、今回の廃棄物の掘削及び移動は、改善命令に従い履行されているものです。

4．滋賀県は、処分場全体の実態を解明するためのボーリング調査を今年度内に実施すると言っておきながら、全く行いませんでした。これも地域住民に対する重大な約束違反です。実施されなかった理由をお聞きするとともに、今後の具体的な実施計画についてお尋ねします。

回答：ＲＤ社最終処分場の埋立廃棄物の汚染状況を確認するため、平成16年度中に6箇所のボーリング調査を行うこととしていました。このボーリング調査箇所の予定地が深堀箇所是正工事における廃棄物の運搬通路や仮置場などになりましたことから、この是正工事との関連で実施できていない状況であります。既にボーリング調査の発注契約は済ませており、ＲＤ社による深堀箇所是正工事の進捗にあわせ、なるべく早く実施していきたいと考えています。

5．われわれの再三の督促にもかかわらず、改善工事の着手が遅れたのは、滋賀県がＲＤ社の自主性を過信していた結果に他なりません。今後の処分場の調査と改善にあたっては、その費用負担はともかく、滋賀県が責任を持って早急に実施して行くべきだと考えますが、知事のお考えをお聞き致します。

回答：住民の皆さんの不安を払拭していくために、県としましては、ご要望やご意見をいただきながら、改善命令の完全履行を図らせるための指導や必要な調査などの諸事業を実施してきたところです。従いまして、改善命令に基づく是正はあくまで原因者である事業者の責任において行わせることが原則であり、その早期の履行に向けた適正で的確な指導を行いますとともに、今後とも住民の皆さんの不安を払拭することを基本に問題解決に努めていきたいと考えます。

ここにも、行政と住民側のディス・コミュニケーションが見られる。1では、住民は具体的な対応を尋ねているのに対して、県の回答は自らの基本姿勢を示すだけである。この水処理施設は現時点でも未だ稼動していない。2では、約束違反について「工事の安全施行上極めて困難」と答えているが、そもそもそのような工事計画を立てたのはRD社であり、それを承認したのは県なのだから説得力がない。3では、住民側が法的な疑義を訴えているのに、2の返答と同様に事実経過を述べるだけで問いに正面から答えていない。4の質問でも、住民側は「具体的な実施計画」を尋ねているのに、県の答えは、全く具体的ではない。結局このボーリング調査は、質問からまる一年経った二〇〇六年三月に実施され、住民に結果が知らされたのは、同年八月であった。5では、改善命令の「早期の履行」を言いながら責任は事業者にあると逃げている。その後、RD社は破産したので、事態は何も改善されないまま周辺への環境汚染が続くことになった。

このように、滋賀県がRD社に毅然とした態度をとらず、その結果として環境破壊を防げなかった要因として、滋賀県には、処分場の違法操業が発覚した場合に、行政としての監督責任を問われることへの不安と、財政危機の中にあって、環境復元のために大量の財政出動を行うことへの忌避感があったと考えるのが自然だろう[15]。

その反対に、栗東市が県に比して積極的に問題解決を推し進めたのは、比較的財政に余裕があったということ、地元自治体として住民との距離が近く、その声を無視することがしづらかったことのほかに、産廃処分場の監督権限が法律上は都道府県と政令指定都市にあり、自らの責任を追及される恐れが低いという気安さがあったからだとも言えよう。

F集落は、二〇〇六年五月に國松善次知事宛にこれまでの行政対応に関する一二項目の質問書を提出した。しかし、知事選挙で國松氏は嘉田由紀子さんに敗れたこともあって、その回答はなかなか届かず、結局八月になって琵琶湖環境部長名で次の文書が届いた。

RD処分場問題に対する行政対応についての質問書について

残暑の候、皆様方には益々ご清栄のこととお喜び申し上げます。

本年5月17日付で、貴委員会から標記質問書をいただきましたが、前知事名で回答書が送付できていない状況であります。誠に、申し訳なく、お詫び申し上げます。

質問書では、前知事宛にRD問題の解決を指揮してきた責任者として、総括的な立場を踏まえた12項目について回答を求められたところですが、ご質問いただいた日以降に、これまで原因者として是正を行わせてきたアール・ディエンジニアリング社の自己破産が明らかになり、この問題に関する県の対応が新たな局面に推移したことや、このような状況のなかで知事選に入ったこと、さらには、新たな知事が誕生しましたことから、今後の県の対応がお示しできず、回答書が送付できない状況に至ったものであります。ご理解をいただきますようお願いします。

さて、ＲＤ問題は、ドラム缶の埋立や地下水汚染などの様々な課題を抱えており、県は、これまでの事業者に是正させるとの方針のもと解決に取り組んできました。しかしながら、去る6月8日に破産手続の開始決定が為されるという大変困難な事態を迎えるに至ったところであります。

県としましては、このような新たな局面に対しまして、処分場からの生活環境への影響をなくし、地域住民の皆さんが安心して暮らしていけるよう、責任をもって、栗東市を始めとする関係者と協力してこの問題の解決に取り組んでいきたいと考えています。このため、まず、県としての行政対応の方針を早急に策定し、この方針に基づき、国の指導も受け、具体的で的確な対応策を策定していく考えであり、ご協力を得て、住民の皆さんとの協議をしっかり行い実態の科学的な把握や処分場の改善対策、さらには、この問題に関する責任の検証などを検討したいと考えています。

ご質問の項目にあります「ＲＤ社の操業の実態」や「地下水の改善効果」、さらには「行政対応の不備」や「住民の皆さんからの信頼喪失」などは、今後の取組のなかで、調査検討し、もしくは改善していかなくてはならない課題であると考えています。

また、深堀箇所からの浸透水の汲み上げ処理など、これまでRD社に対して指導していました事項について、県としての対応を検討していく必要があると考えています。なお、RD社の廃棄物処理法に基づく許可事項につきましては、現在、処分場の施設の許可のみを有しており、収集運搬などが行える「業」の許可は有しておりません。

嘉田知事は、何よりも、この問題の解決は、住民の皆さんの信頼と理解と協力がなくては為しえないものであり、生活環境が悪化した地域の住民の皆さんが、地域の将来に誇りがもてますよう、地元栗東市とも連携し、実のある方向を探っていきたいとの方向を示しております。

知事の指示を受けこの問題の解決に取り組んでいく考えであり引き続きご理解、ご協力をいただきますよう、よろしくお願いします。

（1）谷聖美「インクリメンタリズム」白鳥令編『政策決定の理論』東海大学出版会、一九九〇年、四六〜五一頁。

（2）本書の校正中の二〇〇六年一二月、滋賀県はやっと「RD最終処分場問題対策委員会」を発足させた。

（3）一例をあげる。二〇〇三年一一月、滋賀県は処分場のガス調査を行ったが、F集落への説明は調査開始の後であった。これは「調査の実施に際しましては、調査方法につきましては、地元の皆さん方とも十分協議」（九月議会での部長答弁）に反するものだったので、住民側は調査は不当として監査請求を行った（結果は棄却）。

（4）『朝日新聞』二〇〇三年九月一九日付。

（5）滋賀大学産業共同研究センター『（株）ＲＤエンジニアリング産業廃棄物最終処分場周辺生活影響調査報告書』二〇〇一年。
（6）「（株）ＲＤエンジニアリング産業廃棄物最終処分場環境調査委員会第23回議事録」一一頁。
（7）『朝日新聞』二〇〇六年六月二〇日付など。
（8）告発後に県は環境省に問い合わせ、現行基準によらない埋め戻しに「問題なし」との返答をもらっている。滋賀県文書「滋資循225号」平成17年5月30日。環境省文書「環廃産第０５０６０２０１１号」平成17年6月2日。
（9）告発は二〇〇五年末に不起訴になり、現在は検察審査会で審理中である。
（10）栗東市文書「栗建築発383号」平成13年11月8日。
（11）例を示そう。二〇〇六年八月一九日に行われた第二回市民説明会を報告する広報記事では、市民から出た「行政は処分場を買い上げるべきだ」という意見や委員の「別の水源を確保することも考えるべきだ」という発言が行政側の意向で削除された。前者は、買い上げれば問題解決するという誤解を与える、後者は現在の水源が危険だという誤解を与える、というのが栗東市の言い分である。その後、栗東市は管財人からの処分場の所有権譲渡提案を七月の段階で断っていたことが判明した。『滋賀報知新聞』二〇〇六年九月二一日付。
（12）改善命令によってＲＤ社が造った水処理施設は、Ｇ集落が処理後の水を経堂池に流すことに反対したので稼動できなかった。調査委員会はＧ集落に直接その理由を聞き出そうとしたが、市側より反対されてできなかった。
（13）当初非公開だったのは、市民から選ばれた委員の中に、発言が外部に出ることで何らかの嫌がらせがあるかもしれない、という不安があったためである。
（14）「（株）ＲＤエンジニアリング産業廃棄物最終処分場環境調査委員会第13回議事録」四八～四九

頁。

（15）ある新聞記者は、県庁幹部の話として「新幹線新駅に金がかかるのに同じ栗東にあるＲＤ処分場に金を出せるわけがない」と言っていたことを教えてくれた。二〇〇六年五月一七日の聞き取り。

第7章　歴史的位相

1――公害と環境問題

「公害」という言葉を和英辞典でひくと二つの英語が出てくる。ひとつは common nuisance であり、もうひとつは environmental pollution である。直訳すれば「みんなの迷惑」と「環境汚染」ということになろうか。

二つの言葉の意味は、正確には重ならない。たしかに環境汚染はみんなの迷惑であるが、みんなの迷惑が必ずしも環境汚染ではないからである。たとえば、よく問題になる駅前の放置自転車問題は、みんなの迷惑であるが環境汚染とは言えないだろう。

日本で一九六〇年代から一九七〇年代に頻発した公害は、environmental pollution の問題であった。それは公害病を、pollution disease と言うことからもわかる。この「公害」の二つの訳語は、いろいろと考えさせる問題をはらんでいる。

というのは、今日「公害」という言葉よりも環境問題という言葉のほうが、広く使われるようになってきたのには、公害の、environmental pollution の側面よりも common nuisance の側面への注目があるように思われるからである。

common nuisance（みんなの迷惑）は、生活がもたらす被害であり、加害者は個人である。これに対して、environmental pollution（環境汚染）は、産業がもたらす被害であり、加害者は主に企業である。たしかに、かつての公害は、産業界の論理が住民や消費者の生活を脅かしてきたという面が強かった。しかし、今日環境問題と言われるものに、特定の企業が加害者であると断定できるものは少ない。むしろ、「環境問題」という言葉には、個人個人の意図せざる結果が寄せ集まって、結果として環境を汚染しているという認識が暗黙理に含まれている。一九九〇年頃からメディアで良く使われるようになった「地球環境」問題は、それをもっともよく表している言葉である。

環境問題という言葉は、公害という言葉が、特定の企業が引き起こす環境汚染という意味で使われがちであることから、それとは別の言葉として都合良く、人口に膾炙されるようになったと言えよう。

さて、この産廃処分場問題は公害問題である。しかし、住民の意識のなかには、単に一企業の問題ではなく、廃棄物を出す生活をしている諸個人の問題でもある、という認識が存在していた。だからそれは自らの生活を見直す契機になった。

F集落は、この問題を契機にして、夏祭りや正月のどんと焼きで使う食品トレーを生分解するも

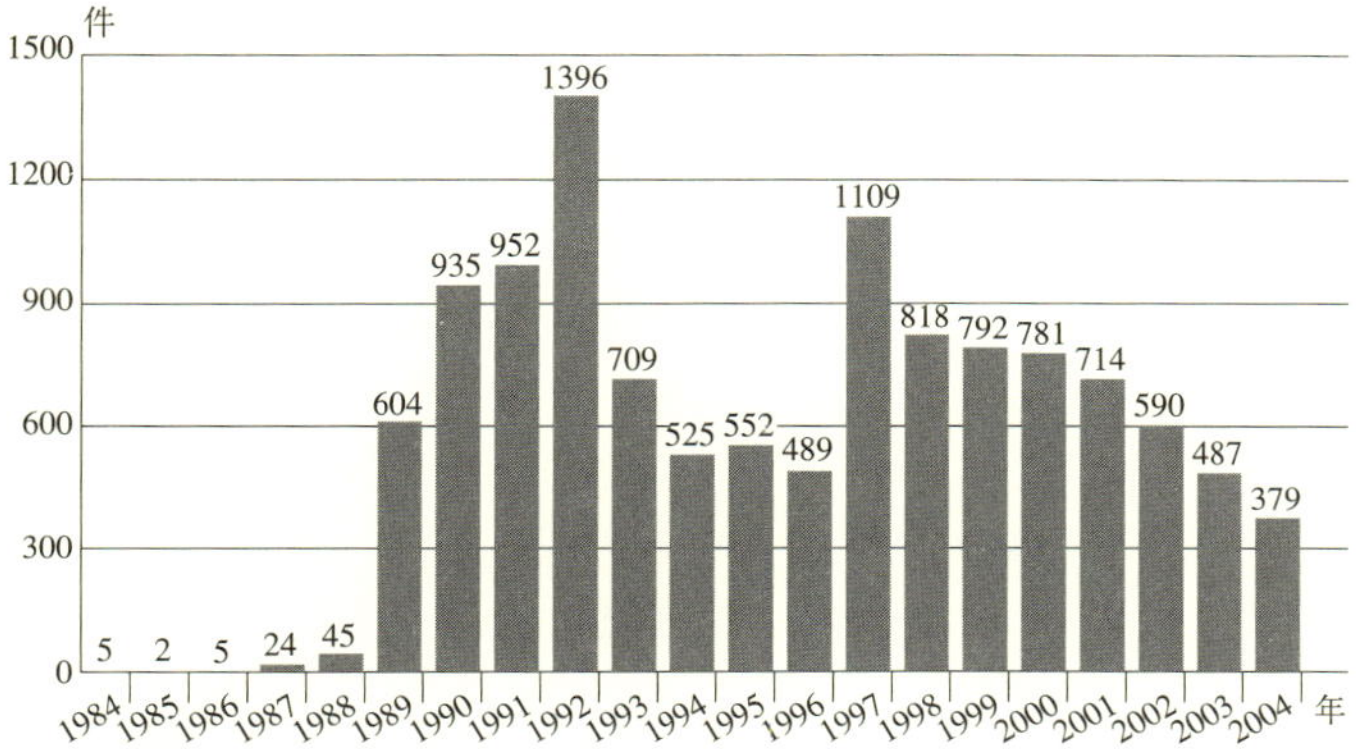

出所）「聞蔵」（朝日新聞・AERA・週刊朝日記事検索，1984年元旦から2004年10月31日まで，見出しと本文に「地球環境」を含む記事件数）。
（町村敬志・吉見俊哉『市民参加型社会とは：愛知万博計画過程と公共圏の再創造』有斐閣，2005 年，P.324）

のに変えたり、なるべく使わないですますようになった。また、運動のための資金調達の意味をかねて「地域環境を守るバザー」を毎年開催している。バザーはリユース運動である。F集落はこの問題を古くからある公害問題の一つではなく今日的な環境問題の一つとしてとらえた。このように、住民運動が地域社会にリフレクション機能を果たしたことは注目されて良いだろう。ただし、事件発生から七年が経過し、人々の環境への意識は低下しつつあるのも否めない。「喉元過ぎれば熱さ忘れる」にせず、運動のもうひとつの成果を継承していくことは住民側の課題である。

都市と農村、アップストリームとダウンストリーム

廃棄物問題は、都市と農村の問題でもある。藤田弘夫が指摘しているように、都市は権力を

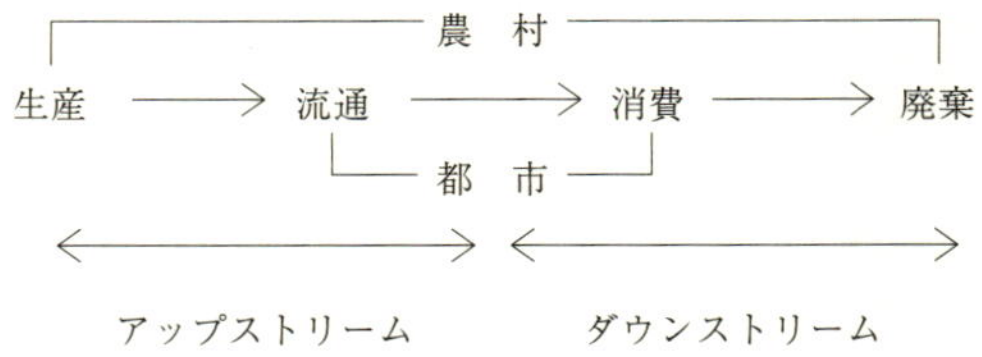

もって農村を従える。食料の生産地である農村に飢餓が襲っても不思議と都市は飢えない[1]。モノの循環からみるならば、生産と廃棄が農村に背負わされた機能であり、これに対して都市には流通と消費の機能がある。

長谷川公一は、モノの循環を川上と川下、すなわちアップストリームとダウンストリームにわけているが、その言葉を使うならば、いずれの両極にも農村があり中央に都市が存在する、という構図が生まれている[2]。端的に言ってしまえば、都市には、自らの需要を満たすだけの原子力発電所もなければ廃棄物処理施設も存在しない。

ただし、廃棄物の移動にはコストがかかるので、廃棄物の処理は、遠くの田舎よりも大都市の周辺部で行われるに越したことはない。だが、そうした場所は住宅地であることも多いから、廃棄物処分場をめぐる住民運動が生まれざるをえないのである。

これまでの公害の歴史を振り返ってみると、生産の局面における、工場等からの煤煙、騒音、排水等による被害と、流通の局面における自動車・鉄道・飛行機等の交通手段がもたらす被害が、一九六〇年代、一九七〇年代の公害問題の大多数であった。このことは、四大公害がすべて生産局面で生まれたものであったことや、新幹線騒音や自動車の排気ガス問題などを想起すれば明らかであろう。これにたいして、近年はアスベストや欠陥製品といった消費の局面での問題とこの事例のような廃棄物問題が世間の注目を集めている。

これは、生産と流通の両部面での社会的規制が整備され、また技術的面での改善が進んだ一方で、未だ消費と廃棄の両部面では、安全性に関する規制や技術が整備されないままであることに起因している。とくに廃棄物問題への対応は遅れている。弁護士である梶山正三が詳細に論じているように、日本の廃棄物をめぐる法制度の不備はいたるところにある[3]。

誤解されがちなことであるが、廃棄物問題を解決するカギは個人の努力にあるのではない。ここ数年日本の産業廃棄物の排出量は年間四億トンであり、これは一般廃棄物の年間五〇〇〇万トンを大きく上回っている[4]。このことは、廃棄物問題の解決のためには、一般家庭や事業所の努力よりも産業界の努力が必要であることを物語っている。これは個人の問題というよりも社会の問題である。

総じて言えば、今日の公害問題は、アップストリームの問題からダウンストリームの問題に移行しつつある。ダウンストリームの局面で環境制御システムを構築することが、今まさに重要課題になっている。よく指摘されているように、もし社会がその仕組みをうまく作れないのであれば、生産そのものを抑制するしかあるまい。

2——市場の限界と行政の怠慢

この点にも関連する話だが、舩橋晴俊は、環境制御システムと経済システムの関係を次の五つの段階にわける[5]。

O：産業化以前の社会と環境との共存
A：産業化による経済システムの出現と環境制御システムの欠如による汚染の放置
B：環境制御システムの形成とそれによる経済システムに対する制約条件の設定
C：副次的経営課題としての、環境配慮の経済システムの内部化
D：中枢的経営課題としての、環境配慮の経済システムの内部化

彼は、日本社会は一九六〇年代までのA段階にとどまっていたが、一九七〇～七一年の公害対策に関する諸制度の確立によってB段階への移行が可能になり、一九七〇年代半ばからはC段階への移行が始まり、二一世紀の初頭はC段階が定着した段階であり、さらにD段階への移行が求められている時代だと言う。

ただし、「社会はきわめて複雑であり、さまざまな部分が同時に変化するわけではないから、環境制御システムの経済システムに対する介入の程度は、細かくみれば一つの歴史的時点において、複数の段階が並存しているのが常である」とも述べ、A段階に止まる問題として廃棄物不法投棄問題をあげている。

舩橋は、なぜ同じ社会のなかでも部分部分によって、環境への配慮に差が出るのか説明してはいない。この問題に引き付けて言えば、なぜRD社は環境汚染がここまで深刻になるまで、事態を放置し続けられたのかということである。

この答えは、RD社に影響力をもつ主体とRD社から影響をうける主体との距離を考えれば容易

に解ける問題ではなかろうか。

一般的にいえば、ある製品によって消費者が被害者になった場合、その製品のメーカーは迅速な対応を取ることが多い。これは法律的あるいは道義的な問題もあるが、何よりそうしなければ、企業イメージが悪化したり、消費者から不買運動を起こされたりしかねないからである。この場合、問題の受苦者と企業にとっての加益者は同じである。これに対して、受苦者が企業にとっての加益者でない場合は、対応は遅れがちである。たとえば、企業が海外進出して公害対策をいいかげんにしたまま日本向け製品を逆輸出する、といった例を考えればわかりやすい。被害を受けるのは現地の住民であり、彼らの受苦は、製品の消費者＝企業への加益者には容易には分からない。今回の事件はこのパターンに近い。

新自由主義に立つ論者がよく言うように、市場には、たしかに問題企業を排除する能力がある。しかし、その能力が発揮されるためには一定の条件があって、それは企業のもつ社会的信用に関する情報が広く知られていることである。そのためにはやはり社会的規制が欠かせない。

廃棄物問題においてもこのことは重要である。廃棄物処理法の一九九一年の改正と二〇〇〇年の改正によって、処理業者が不適正な処理をした場合には、その廃棄物を出した排出業者にも責任を問うことが可能になったが、こうした法改正が期待されるチェック機能を果たすためには、企業の操業の実態が取引先に十分開示されねばならない。それを可能にする手立てがなければ、「仏作って魂入れず」に終わる可能性は高い。

ＲＤ社に影響力を行使しうるもう一つの主体は、事業の許認可権を握っている滋賀県であった。

滋賀県は、煤煙や騒音など度重なる地元住民からの被害の訴えをその場限りの対応だけで済ませてきた。また問題が発覚した後、「考える会」が元従業員から生々しい違法操業の実態を聞き取り、それを県に伝えたのにもかかわらず、主体的に調査しようとはしなかった。[6]この点が、被害を拡大させたもうひとつの要因である。

すなわち、廃棄物の排出業者も監督責任をもつ行政も、ともに受苦者である住民からは遠いところにあったのである。

3――生活者と住民運動

この事例では、住民運動側が県の作った調査委員会に対抗する形で、栗東市に住民参加の調査委員会を作らせ、そこを一つの橋頭堡にして運動を展開した。住民たちには、専門家の大学教員たちに交じって、物おじすることなく議論するだけの力量があった。住民たちは、かなりの専門的知識と情報収集能力、そして情報発信能力を有していたのである。

近年このような、アドボカシー（政策提言）機能をもつ住民運動が注目されている。[7]そして、そうした運動の担い手たちは、「生活者」と呼ばれることも多い。

以下では、そうした住民運動主体の成立について、少し歴史をさかのぼって考えてみたい。

私生活主義・マイホーム主義

戦後日本社会は、経済が発展し、様々なモノが身の回りに増えると大きく変わった。そして、私生活主義とか、マイホーム主義と言われる生活態度が指摘されるようになる。

私生活主義もマイホーム主義も、国家権力や社会制度から距離を置き、それらよりも個人の生活や家族の生活を優先させるところにその特徴がある。これは、かつて神島二郎が指摘したような、地域や職場やその他の場で形成されていた「ムラ」からの離脱傾向と言ってよいだろう。私生活（マイホーム）主義者は共同性にかかわる参加に消極的であり、「政治からの逃避・政治的無関心」の傾向によって特徴づけられると言われた(8)。

かつて田中義久は次のように述べた(9)。

「私生活主義は、人びとの日常性の私的生活領域と公的生活領域とへの分裂を背景にして、近年のわがくににおける社会的性格となってきた。それは、端的にいって、『私人』と『公人』への人間の自己分裂をものがたるものであるが、それでもなお、第一には、戦前の天皇制的権威主義の下でのあの『公民』のような枠づけへの反発として、そして第二に、現代日本の国家独占資本主義の収奪と搾取に抗して、せめておのれの私的生活領域だけでも防衛的に『充実』させようとする利益意識をもつものとして、ひとつの積極性をもつものである」。（傍点は原文）

また山手茂はマイホーム主義について次のように述べた(10)。

「マイホーム主義は、国家独占資本主義＝大衆社会の産物であり、都市の核家族化したサラリーマン・労働者家族（その典型は団地族）を中心として形成されている。経営の合理化・官僚制化によって疎外され、働きがいを喪失したサラリーマン・労働者は、私生活や消費生活に逃避してささやかな生きがいを求めるようになっている。住宅難が深刻なために、広い快適な住居に住む家族は少ないが、大部分の家族はテレビをはじめとする耐久消費財を買いそろえて、『狭いながらも楽しいわが家』をつくり、維持することを生活の目標にしている。マイホーム主義の構造は以上のように素描することができる」。

これら二つの文章からもいくらか類推可能なことであるが、当時から、私生活（マイホーム）主義は二つの相反する評価を受けてきたと言える。基本的にはそれは、社会的連帯による幸福の実現という人間らしい理想を否定し、産業社会が用意したマイホームの獲得と維持という目標、あるいは消費社会が用意した即時的快楽の享受という罠に見事はまった態度に過ぎない、という否定的な評価が下された。しかしながら他方、そこにはかつての国家権力や封建的共同体への明確な拒否の態度があることは確かであり、その点に戦後民主主義を見て、その可能性に期待する意見も存在したのである。

ところで、作田啓一は庶民と市民を区別して次のように述べている[(11)]。

「共同態へのコミットメントの場合と同じように、職業へのコミットメントの深さが現存の国家を批判する視点への道を開く。しかし、『庶民』が職業と生活とを未分化に融合させる共同態の成員であるのに対し、『市民』は職業の生活との分離の段階で形成される。そうした分離の上で、職業と区別された地域の問題に『市民』が取り組むこともある。しかし、この段階での『市民』の地域とのかかわり合いは、『庶民』の共同態とのつながりと同じものではない」。
私生活（マイホーム）主義に期待する意見は、彼らがもはや前近代的社会に生きる庶民ではないということに起因していたと言ってよい。庶民ではないのであれば、市民ではないか、日本にも西欧型の近代的な政治主体が誕生しつつあるのではないか、私生活（マイホーム）主義に対してそそがれた眼差しのいくつかには、たしかにそうした期待がこめられていたと言えるだろう。

大衆社会と大衆

しかしながら、高度経済成長の中で経済的な意味での世帯の平準化と同時に、政治的な機会の平等化と文化的な全国的均質化が進むにつれて、大衆社会の到来を指摘する声の方が大きくなる。大衆社会に生きる大衆とは、自らの判断や行為に確固たる拠り所をもたず受動的に生きる存在である。そして大衆は、テレビに代表されるマス・メディアが作り出す大衆文化を受動的に楽しむ存在としてイメージされた。つまり大衆は、期待された「市民」とは相違して、自らの生きる社会を積極的に構築する意欲をもたない存在であり、自立した政治的主体とは程遠い人間であった。

したがってその後、私生活（マイホーム）主義者を市民の萌芽としてとらえる見解は影を潜める。そして一九八〇年代になっても「市民」はまだ「期待概念」であるとされ、「国民が市民としての価値意識・行動準則を成熟させていない限り、民主政治も成熟」しないとされたのである。(12) 伊東光晴による日本的都市経営の主張は、その認識をよく表している。(13) 少し長くなるが引用しておこう。

「都市経営が対象とする多数住民の第一のタイプは、自分や自分の家族といった私的なことだけに関心を持ち、社会的なことに関心を持たず、そうしたことから逃れ、政治への無関心を特徴とする私化（privatization）された庶民である。市行政への参加など考えたこともなく、個人的楽しみが唯一の関心である。一言でいって、無関心層をなす〝私化された〟庶民である。

第二のタイプは、石川啄木が『一握の砂』の中で『いのちなき砂のかなしさよ　さらさらと握れば指のあいだより落つ』と歌った砂のように、バラバラで孤独で不安で、行動規範を失い、暖かい人間関係を持たない原子化（atomization）された大衆である。共同体的田舎から大都会に放りだされた青年、急速な近代化・工業化にともなって生まれる孤独な群衆――そうした人たちである。このような人たちは、組織を作ることはない。共同の問題をいかにして建設的に充実させていくか等々のことに関心はない。だがその孤独と不安とは、巧みな大衆扇動者によって、突然ファナティックな行動に転じ過激な平等化要求、政治批判へと転化する。権威ある指導者を求め、大衆運動の中に自らを失って過激な政治行動をとるのである。古くはナチズムを支持したドイツの民衆、戦後では文革中の中国の若者の動き、全共斗運動に引きずられた学生等々がこれである。（中略）

もしも社会問題に無関心な私人化された住民が多いならば、政治も行政も一部の人たちのものとなり、たとえそれが腐敗してもこれを正す復元力が生まれないだろう。こうしたときもしも原子化された人たちの大衆運動がおこるならば、それは激しい平等化要求、民主化要求となり、一見革新的な様相を呈しながら、人々の支持を失うまで極端に進むかもしれないのである。

都市経営をこうした動きにさらしてはならない。したがって私たちが都市経営を考えるとき、もっとも大切なことは、こうした二つの危険をさけるためにも、いかにして自立した市民を作り出していくかということであり、そのための政策を提出して行くことである」。

伊東の考えは、行政と学者を統治するもの、住民を統治されるものとして固定的にとらえている。そして、さらに言うならば、住民を道を踏み外しかねない愚かな存在と見なして、彼らを教導する政策を推奨したのであった。

一九九〇年代に入ると、日本社会では庶民、大衆、そして市民という言葉とは別に「生活者」という言葉が頻繁に使われるようになる。庶民と市民、あるいは大衆と市民という対立、二分法を越えた新たな人間のイメージが生まれたのである。それが生活者である。

ではいったい、その生活者とはどういう人間を指すのであろうか。

生活者とは

「生活者」概念の系譜を調べ上げた天野正子は、その結論として次のように述べる[14]。

「生活者という概念は時代により、さまざまな意味をこめられ、一つの理想型として使われてきた。しかし、それらに通底しているのは、それぞれの時代の支配的な価値から自律的な、言い換えれば『対抗的』(オルターナティヴ)な『生活』を、隣り合って生きる他者との協同行為によって共に作ろうとする個人――を意味するものとしての『生活者』概念である」。

そうかもしれない。しかし、「生活者」という言葉が、これまで識者によってどのような意味で使われてきたのかということを整理することで、この問題は理解されるべきなのだろうか。むしろ問題なのは、一九九〇年頃から、この言葉が日本社会で人口に膾炙し、説得力を持つようになった原因について社会学的解釈を提示することではないのか。かつて大衆社会論が流行したときに、その言葉によってしか言い表すことができない状況がたしかに日本社会にあったのであり、同じように、生活者という言葉が広まった背景には、その言葉によってしか言い表すことができない状況が日本社会にあると見るべきである。それは何か。筆者は、こちらのほうが識者の「語り」を跡付けることよりも重要な社会学的課題だと思う。

この点で『生活者の政治学』を著した、政治学者の高畠通敏は鋭い指摘をしている[15]。

「今日における『生活者』の概念は、たんなる『くらし』や『家計』よりもはるかに広い概念です。これまで、生活やくらしという視点は、どちらかといえば女性が使う概念であり、そしてそれはとりわけ家庭の主婦の視点に局限されて、強調されがちでした。しかし、女性の社会参加が当たり前になった時代を反映して、女性の生活関心は、家庭から地域社会へ、あるいは職業生活へと広がり、女性の部長や議員も珍しくなくなってきています。そして、いまや生活の概念は、女性の専売特許ではありません。男性も同じように、企業や会社中心だった高度成長時代をふりかえり、人間的な生活を求めるようになっているのが、現代です」。

近代社会は、産業化の過程で男性を会社へ、女性を家庭へ、子どもを学校へ隔離して行った。その結果、男性は「しごと」、女性は「くらし」、子どもは「まなび」をもっぱらするという分業が生まれた。さらに言うならば、会社や家庭からリタイヤした高齢者は地域でもっぱら「いこい」、受験というハードルを越えた若者は、街でもっぱら「あそび」を楽しんだ。「しごと」「くらし」「まなび」「いこい」「あそび」という、人間の生活の全体性が分断され、性別・年齢別に担われるという事態が生まれたのである。

二〇世紀も最後の一〇年程になって、こうしたことの反省と人間としての全体性を回復しようとする動きが、たとえば、男性の家事育児参加、女性の職場進出、生涯学習、ボランティア参加など、様々な形をとって現れてきた。生活者とは、こうした人間としての生活の全体性の大切さに気づいた人々である。簡単に言えば、生活者という人間類型を基本的に特徴づけるものは、生活の全体性への感覚を持っているということである。さらに、この点から必然的に導かれる特徴を、庶民や大衆との比較で、次のように言い表すこともできる。

まず、生活者は、庶民とは違ってイエや地域共同体といった社会関係の「しがらみ」から自由であるとともに、大衆とも違って、そうした関係性への自由も保持している。すなわち、自らの生活を維持し向上させるためには、様々な人々との関わりあいが大切であることを自覚している存在である。また生活者は、大衆とは違って、主体的で賢明な行為者である。目先の便利さの追求が、環境破壊や税金の増額といった長期的な不利益に結び付くことをよく承知している。そして、消費者の利益と生産者の利益がけっして矛盾していないことを理解していて、その立場から建設的な提言と行動を示せる存在なのである。

つまり生活者とは、「私」や「マイホーム」を守るためには、個人だけでは、あるいは家族だけでは、とうてい十分でなく不可能であるということに気づいた人々である。したがって彼らにとって私益と公益は重なり合っている。

　ところで、こうした生活者が生まれて来た背景に、インターネットの普及に代表される高度情報化という社会変化があることを見逃すべきではない。かつて大衆は、孤立し受動的で享楽的な存在として論じられたが、そうした大衆の誕生にはテレビの各家庭への普及という状況が深くかかわっていた。同様に、生活者の誕生と一般の人々へのインターネットの普及はパラレルな関係にある。インターネットは（当時の）テレビとは違い、グローバルな圏域と発信能力をもつメディアである。このことは生活者の社会的性格を規定している。生活者はこうした新たな情報環境の中から立ち現れたのである。

　今から半世紀ほど前、松下圭一は、日本社会の近代性と前近代性の併存をマス状況とムラ状況と名付け、「いまだ未発掘のあたらしい『質』をもったムラ状況からの膨大なエネルギーを開発するとともに、マス状況への傾斜をのりこえて市民的抵抗を拡大して行くことが必要である」と述べた(16)。

　二一世紀を迎えた日本社会は、ムラ状況からもマス状況からも脱しつつあると言ってよいだろう。しかし、生活の全体性を回復しようという運動はまだ始まったばかりである。そして、それが可能な人々と不可能な人々との二極化、いわゆる格差社会の兆しも見える。これが日本社会の到達点だと言ってよい。

4――ガバメントとガバナンス

情報格差の縮小

近年、地方自治をめぐる議論の中でガバメントとガバナンス[17]という言葉をよく聞くようになった。ガバメントとは、従来型の地方自治のシステムであり、位階性をもったひとつの組織、すなわち行政機構が行政を独占的に担うもので「統治」とも訳される。これに対してガバナンスとは、いくつかの主体が相互に協調しつつ行う行政で「共治」と訳される。行政組織がＮＰＯや市民組織、あるいは民間企業とのコラボレーションを推し進めるとき、ガバメントからガバナンスへ、というわけである[18]。植木豊は、「地方政府は、都市経営のプレーヤーの一つにすぎない。地方政府とならんで、企業・業界団体・非営利組織、さらには消費者・納税者・「市民」等々が、都市の戦略状況を構成する」とし、「都市経営は今や、ローカル・ガヴァメントという機能的領域を超えて、ローカル・ガヴァナンスの問題として構想する段階に入った」と断ずる[19]。この言明は、現実認識としてはいささか先走り過ぎているように感じるが、進んでいる方向性の認識としては間違っていないのではなかろうか。

こうした考えが注目されるようになった事情には、二つあるように思う。

ひとつは経済ないし財政上の事情である。経済が右肩上がりの成長を続け、財政も膨張の一途を辿っていたときには、行政サービス機関論がもてはやされた。それは、行政は住民に対するサービス機関であるととらえ、より質の良いサービスを提供するのが首長の役目だと主張するものだった。しかし、バブル景気の崩壊に伴って、この行政サービス機関論は一時の勢いを失ってしまう。質の良いサービスの提供にはコストがかかる。無駄を省いて合理的な運営を行うことは当然であるが、一定程度それが進めば、後はどうしても先立つものが必要である。むしろ、不況で財政事情が悪化する過程では、「官から民へ」が新たな掛け声になり、仕事のアウトソーシングを進めることになった。

もうひとつの事情は、行政と住民との間にあった情報格差が縮小したことである。それは第一に、情報公開制度が整備され、また権力者の説明責任が強調されるなかで、行政が情報を独占しづらくなったことによっている。そして第二に、インターネットの普及にともなって、住民側にも情報が容易に手に入るようになったことで、行政と住民の格差は一層縮まった。

情報は権威の源である。この問題でも、住民運動の側は、インターネット等で国の動きや他府県の事例をいち早く入手し、それを県や市そして議員へ突き付けた。たとえば、滋賀県は、当初、国の産廃特別措置法は処分場での事案には適用されないと誤解していたが、それが間違いであることを教えたのは住民たちであったし、また同様な案件での宮城県の対応を伝え、県会議員に政務調査費での出張を促したのも住民たちだった。さらに、処分場調査に当たって、県の調査方法の誤りを見破ったのも住民たちであった。こうした経験は、行政の権威を相対的に低め、住民運動の側には自信を与えるものであった。

変わった栗東市と変わらなかった滋賀県

栗東市の調査委員会は、まさにガバナンスの小さな実験場であった。行政、地元住民、一般市民、専門家が協議し、ほとんど毎回市長も同席した。毎回の協議内容はホームページと広報で知らされ、口述筆記者によって議会と同程度の詳細な議事録も作成された。そればかりか二回の市民説明会を行い、その資料も全戸配布された。

これに対して、滋賀県はガバメントにこだわり続けた。何故変わらなかったのか。その理由としては、三点指摘できよう。

第一は、ガバナンスへの理解がなかったことである。國松知事は、「県民とのパートナーシップ」を施政方針に掲げていた。しかし、長谷川公一が言うように行政側がいうパートナーシップとコラボレーションは似て非のところがある。前者は、しょせん行政機能を非行政に代替させるものであり、違う主体が協働して第三のものを生み出そうというのではない。県のそれまでの施策を見る限り、まだまだコラボレーションの段階にまで至っていない。県の職員は、自らの施策とその遂行能力にかなりの自信（過信？）をもっている。これが、栗東市との大きな違いである[20]。

第二は、財政上の問題である。滋賀県の財政事情は厳しい。自主財源は歳入の五〇パーセントに満たないばかりか、國松知事が一九九八（平成一〇）年に就任して以来、年ごとに義務的経費は増大し投資的経費は縮小している。滋賀県には、住民の声に耳を傾けることによって、調査と対策に

県一般会計歳出決算額の推移

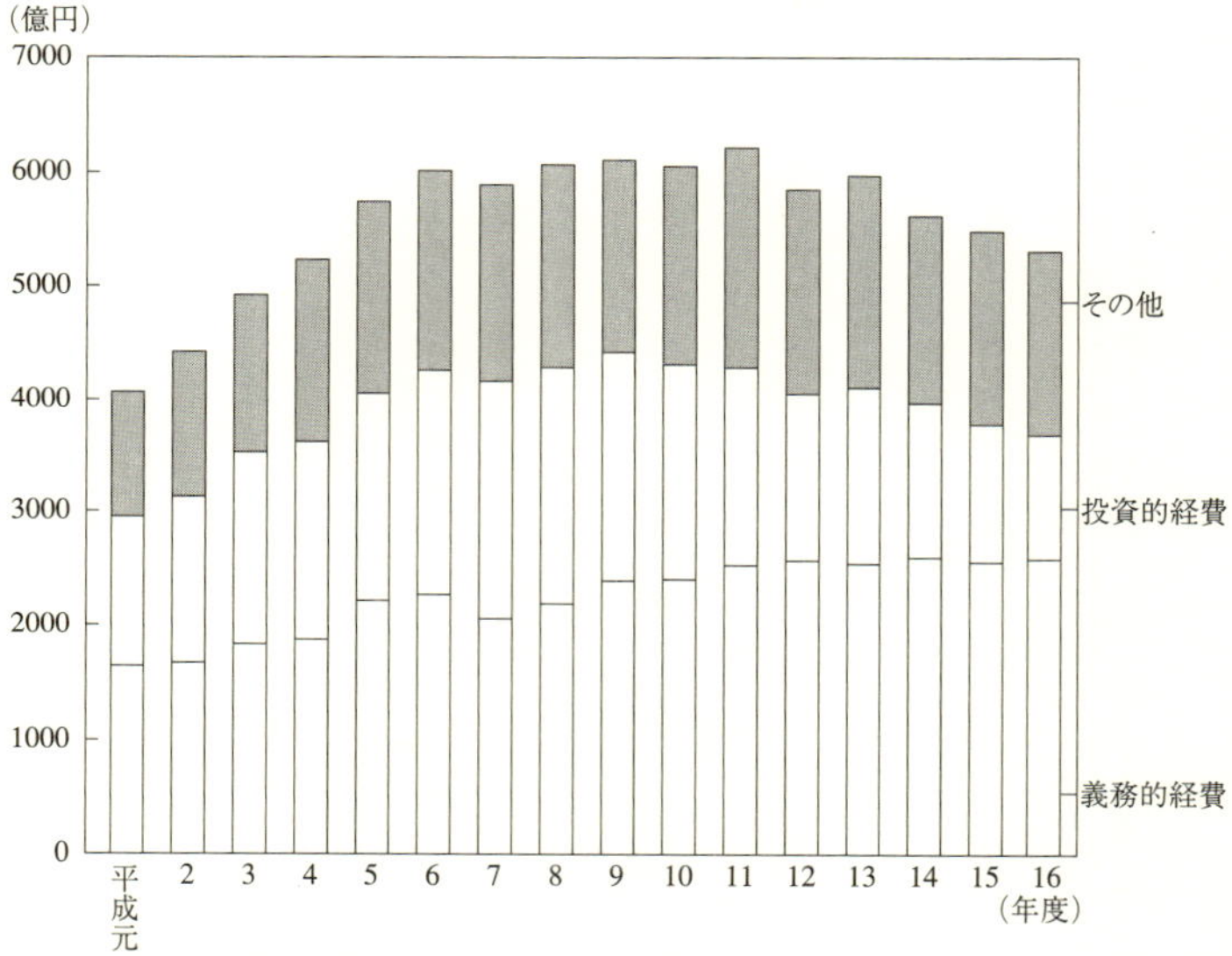

出典）『滋賀県勢要覧　平成18年（2006年）版』p.88

かかる財政支出が膨れ上がるのではないかという不安感があったのではないか。さらに言えば、先に紹介した伊東光晴の日本的都市経営論が想定するような「過激な」住民像があったとも言える。

第三に、行政規模の問題である。人口規模も圏域も狭い市町村と違って、都道府県へは住民の声が届きにくい。民主主義のシステムとして考えた場合、どうしても限界がある。県民が県政をコントロールすることは、市民が市政をコントロールすることよりも困難である。この点からも、最近良く言われるようになった、なるべく狭域での自己決定を尊重しようという「補完性の原理（subsidiarity）」を徹底させ、広域組織が過剰な権限をもつことを見直すことが必要である。[21] 直接的には関係しないことだが、あえて付言すれば、市町村合併や道州制の構想は、「補完性の原理」の下に考えられなければ、民主主義にとって何の利益ももたらさないだろう。

しかし、「県民との対話」を主張して嘉田由紀子さんが新しい知事に選ばれたことは、この問題に新たな局面をもたらすかもしれない。嘉田新知事は、二〇〇六年九月議会において、この問題の行政責任を検証する委員会とともに、学識者と地域住民で構成する「RD最終処分場対策委員会」を設置することを提案した。ガバナンスの動きが滋賀県にも生まれつつある。

(1) 藤田弘夫『都市と権力――飢餓と飽食の歴史社会学』創文社、一九九一年など。
(2) 長谷川公一『環境運動と新しい公共圏――環境社会学のパースペクティブ』有斐閣、二〇〇三年。
(3) 梶山正三『廃棄物紛争の上手な対処法――紛争の原因から解決の指針まで』民事法研究会、二〇〇四年。
(4) 環境省編『平成18年版循環型社会白書』。
(5) 舩橋晴俊「環境制御システム論の基本視点」『環境社会学研究』第10号、二〇〇四年、七〇頁。
(6) 高谷清『埋立地からの叫び』技術と人間、二〇〇一年。
(7) 松浦さと子『そして、干潟は残った』リベルタ出版、一九九九年。
(8) 神島二郎『近代日本の精神構造』岩波書店、一九六一年。
(9) 田中義久『私生活主義批判――人間的自然の復権を求めて』筑摩書房、一九七四年、八一頁。

(10)山手茂「マイホーム主義の形成と展開」『講座 家族8 家族観の系譜』弘文堂、一九七四年、一九八～二〇七頁。
(11)作田啓一「共同態と主体性」古田光・作田啓一・生松敬三編『近代日本社会思想史Ⅱ』有斐閣、一九七一年、四〇七頁。
(12)松下圭一『市民文化は可能か』岩波書店、一九八五年、一一九頁。
(13)伊東光晴「都市政策から都市経営へ」『日本的都市経営の特質と課題』総合研究開発機構、一九八九年、一三～三二頁。
(14)天野正子『「生活者」とはだれか』中公新書、一九九六年、一三六頁。
(15)高畠通敏『生活者の政治学』三一書房、一九九三年、一二四頁。
(16)松下圭一『現代日本の政治的構成』東京大学出版会、一九六二年、一三三頁。
(17)ガバナンスについては、武智秀之編著『都市政府とガバナンス』中央大学出版部、二〇〇四年が参考になる。
(18)長谷川公一、前掲書、一八四頁。
(19)植木豊「ローカル・ガヴァメントからローカル・ガヴァナンスへ」吉原直樹編『都市経営の思想――モダニティ・分権・自治』青木書店、二〇〇〇年、二八三頁。
(20)同様な事件に対して、宮城県は町と県の行政職員と専門家、そして住民とで構成する対策検討委員会を作った。また宮城県は、行政対応に問題なかったかという点についても、外部の学者に検討させている。『村田町竹の内地区産業廃棄物最終処分場総合対策検討委員会報告書』二〇〇五年。山口二郎・宮本融『行政システムの機能不全の原因究明と新たな住民と自治体との関係の構築に向けて――宮城県における産業廃棄物処理場での問題を事例にして』「グローバリゼーション時代におけるガバナンスの変容に関する比較研究」ディスカッションペーパー、二〇〇三年。

（21）岩崎恭典「自己決定の制度」森田朗他編『分権と自治のデザイン――ガバナンスの公共空間』有斐閣、二〇〇三年、一〇九～一三六頁。

終章　いやいやながらの民主主義

1——社会の大切さと人間の尊厳

話は最初に還る。

私が、今住むところに越してきてちょうど一〇年になる。ここで生活し、とくに子どもを育てる経験のなかで、本当にありがたく思うのは近隣住民の方々のかかわりである。ここで暮らす子どもたちは、日常的に地域の人達に育てられる。たとえば、子供の日には御神輿をかついでの町内一周、夏には地蔵盆、夏祭り、ラジオ体操。秋には運動会、冬にはクリスマス会、どんと焼き、もちつき、そしてボーリング大会もある。そうした行事を通じて、子どもたちは、学校の先生とは違う他人の大人に指導される。そして、子どもたち同士でもそれを咀嚼する。これは日常の生活の中でも同様である。遊びに来た子が「おじゃまします」と挨拶し、靴を玄関に逆向きに揃える。我が家の子どもたちに尋ねると、本当かどうかわからないが、遊びに行った先では自分たちもやっているという。親としては言葉で教えた記憶はない。ただし遊びに来たよその家の子どもに「挨拶ぐらいしなさい」と叱り、黙って、やって来た子どもの靴を揃えたことはよくある。そんなことは、どの家庭でもあるのだろう。知らず知らずに子どもたちは、社会で生きる術を身につける。それは、当たり前のことだが、とても大切なことだと思う。

そういう関係性は、お金では買うことができない地域社会の財産である。そのありがたさが分かるから、地域の人たちから頼まれたとき、私は運動に加わることを拒否することはできなかった。

しかし、一度だけ、この運動からすべて手を引こう、もう運動はやめよう、と思ったことがある。それは、二〇〇二年二月、私が県に住民参加の対策組織を作らせるべきだと主張したことに対して「考える会」の人が、私のいない「合対」の会議の場で、一方的に近隣の人々に次のような文書を配ったときである。

幻想に身を委ね滅びてはならない

「幻想」：現実にないことを、あるように感じること。ゆだねる：相手に一任する

「パンドラの箱」：あらゆる災いの最後に希望が残っていた

自分が「思うこと」、「願うこと」、「希望すること」を言葉に出して語れば、何の苦もなくそのまま実現していく。現実の苦しさから解放されたいから、そんなことになればよいなぁと、誰もが願望するでしょう。人間に願望や〈希望〉がなければ、絶望の世界になりますから、

「パンドラ」の底に残っていた希望は人間にとって大事なものです。しかし存在しない幻を存在する現実と勘違いして、そこに希望を託して身を委ねれば、破滅するでしょう。

合同対策委員会も市調査委員会も、その役割を果しながら維持し発展していくのに少なくないエネルギーが要ります。そのエネルギー源は、「自分たちの生活する環境を守る、それを破壊するものを許さない」という〈希望〉を求める〈人間〉の気持ちです。栗東市ＲＤ産廃処分場周辺の環境破壊は自然現象ではありませんから、だれが破壊しているのか（ＲＤ）、だれがそれを許してきたのか（県）、だれが加担しているのか（市）を見定めて、その人たちやその組織と「闘い」ながら「自然・生活環境改善」を成し遂げていかねばならないのです。

「希望」：あることを成就させようとねがい望むこと

住民は地位もなく、権力もなく、財力もありません。「環境改善」の〈希望〉を実現するためには、住民が力を合わせることしかありません。そして力を合わせて「住民運動」をすすめていくなかで、賢くなっていろんな現象を深く理解していくことです。

合同対策委員会は、力を合わせ取り組みをし、学習し、いろんな事象を考え、分析し、相手に対して主張し、運動してきました。

だからこそ、この住民運動の発展にとって、「ＲＤ処分場営業自粛」「ガス化熔融炉解体」「事業更新不許可」などという成果を生み出し、最悪の環境破壊を防止しました。現在、ＲＤによってなされた環境破壊を改善していくために、「処分場深堀の汚染物移動、地下水への流出防止、住宅環境改善」を目指して取り組みをすすめ、合対と県の「確認書」をかわし、県からRDへの「改善命令」をださせ、その完全な実現の努力をおこなっているところです。

「空中楼閣」：土台のない物ごと、空想

さて、H氏によって提案されている「RD問題市民対策会議」（以下「対策会議」）を見てみましょう。まず前提として「市調査委員会」と「県調査委員会」の解散があります。その上でこの対策会議は「市民が主体となって問題解決を図る組織であるが、この点を理解し、滋賀県知事、栗東市市長は対策会議の提案を尊重することを約束する」もので、構成は「栗東市民（半数以上）と識見を持つ者」です。事務は「滋賀県廃棄物対策課と栗東市生活環境課が合同で処理する」。人選などの記載もありますが主たる内容は以上です。

ここには「対策会議で語られたことが知事と市長によって尊重され、廃棄物対策課と生活環境課の事務処理を通して実行に移される」という「期待」がありますが、その実態は「空中楼閣」というべき「幻想」でしょう。

「権力」：他人を支配し、従わせる力

行政が対策会議を仮に「尊重」したとしても「権限を委ねる」はずがありません。公的権力をもち、監督権者という権限と義務をもつ行政が市民の「集まり」に権限を委譲するなど考えられませんし、逆に委譲することは責任放棄ともなります。

ＲＤ問題の経過をみても、県は「覆土案」（二〇〇〇年九月）、「総じて問題がない」見解（二〇〇一年五月）、県の「対策会議案」（二〇〇一年八月）となんとか問題を小さく見せて、目先の「対策」で終結させようとしてきました。市の姿勢はＲＤ擁護であることは経過や一族癒着からも明らかです。それに対して、住民の団結と質的深まりによる粘り強い活動がそれらを許さずに今日の段階に到達したのです。

こうした行政が「対策会議」に従うでしょうか。行政がしたたかであれば、この案にのった振りをするかもしれません。それは、住民が立ち上げ成果を上げている「市調査委員会」をなくせますし、あわよくば、うるさい「合同対策委員会」をなくせるか力を弱められるからです。いままでも市調査委員会の運営は、市の姿勢によって困難を抱えています。もし住民運動の火が弱くなったら、今日の行政は住民を守るのではなく、企業を守ることに収斂するのは明らかではないでしょうか。

私たちの運動を「対策会議」に委ねるようなことになれば、運動は「空中楼閣」とともに霧消する危険性があります。やはり、地道に努力する者のみが幻でない「成果物」を味わうことができるでしょう。

意見の違いはあってよい。しかし、同じ問題に真摯に取り組んでいる一人の住民に対して、鼻につくレトリックを用いながら、幻想をふりまく者、あたかも破滅に導く悪魔のように、しかも本人のいない場で一方的に文書を配って批判する、というのは許されないことだと思う。少なくともそれは地域住民がとるべき倫理を逸脱している。私は怒りに震えるとともに、これまでの活動に対する徒労感にも襲われた。

このときは、多くの友人が私に同情し慰めてくれ、また一緒に憤ってくれて、私は運動からの完全撤退を踏みとどまった。しかし、こんな嫌な思いまでして運動する意味を考えたし、やはり「しこり」は残ったと言わざるを得ない。

そのしこりは、生活影響調査で「どんな子どもが産まれるかわからん」という声を聞きとったとき、「考える会」が主催する集会等で処分場のダイオキシン汚染を説明する際に、ベトナム戦争の枯れ葉剤の影響を受けた奇形胎児の標本映像を映していたことを思い出して蘇った。また彼らが執拗に水道水の危険性を訴えるとき、「浄水器のセールスマンがよく来る」という近所の声や「栗東の水はあぶないって、みんな言ってはる」と言った主婦の不安そうな目、「やはり気になります」と私に声をかけてきた妊婦の姿を思い出して蘇った。

また計二回開催した市の調査委員会による市民説明会において、県や市あるいはＲＤ社を動かせないのは、市調査委員会の弱腰が原因だとでもいうような、威勢のよい発言とそれを称える拍手を聞くたびに、私としては、この人たちは他人を一方的に悪者と決めつけ物事を自分勝手に単純化する無責任さになぜ気づかないのか、という思いをつのらせた。

人々の不安と怒りを煽り、たんに問題を大きくすればよいというわけではないだろう、それが私の正直な気持ちである。少しきつい言葉を承知で言えば、そういう態度をとる人は、社会の大切さと人間の尊厳について、基本的なところで、全くわかっていないのではないかと思う。

2――偏在する言葉

しかしその一方で、社会学者である私は、この過剰とも言える「言葉」の力についても考える。それは、こうした彼らの態度が、処分場に隣接し一番の当事者であるA集落、そして農業用ため池と地域社会の歴史的背景をかかえたG集落の、この問題に対する寡黙さとあまりにも対照的だからである。

私は、この運動のなかで、できるだけA集落、G集落の人達の声を聞き取ろうとしてきた。しかし、彼らの口から出る言葉はわずかだった。それは、「考える会」の人たちが時として沈黙するのとは、明らかに違った態度であった。具体的に言えば、「考える会」の人達からは、「今は言えない」「自分の口からはどうも……」という返答が返ってくるが、A集落、G集落の人たちの場合は、こちらからの問いに、ただただ沈黙してしまうのである。私には、彼らが自分の気持ちを隠しているのではなく、自分の気持ちを表す言葉が見つからなくて当惑しているか、必死で自分の気持ちを表す言葉を探しているように思えた。

言葉は地域社会において偏在している。

このことは忘れるべきではないだろう。それを認識したうえで、小さな叫びをしっかり聞き取ることはとても大切だと思う。大きな叫びよりも小さな叫びが重大な事実や住民としての本音を語るともある。何もわからず、大きな叫びだけに付和雷同するのは賢いやり方だとは思えない。

3――行政不信と住民不信

その意味で、第6章で述べた行政の「秩序志向」は、事実や問題を隠蔽させようとするものではなく、目指すべき目標としてあるのなら基本的に間違ってはいない。むしろ、目標を見誤る恐れは住民運動の側に大きいのかもしれない。

もちろん、行政の問題はそれを差し引いてもかなりあるのは確かである。そして今回の問題の発生は、それまでの栗東市と滋賀県の二つの統治機構の問題を浮き彫りにする触媒として機能した。

住民運動は、行政や議会が地域の問題をうまく回収できないときに発生する、というのは事実である。栗東市は、新住民が増え、新しい政治感覚が成長してきていたのに対して、行政や議会は旧態依然のままであった。処分場問題が発生したとき、そうした統治機構は無力さを露呈し、モデルチェンジが必要な時期が訪れたことがはっきりした。変化は何より首長選挙と議会選挙の結果となって表れた。市の調査委員会によるローカル・ガバナンスの実験は、そうして始まったのである。

また滋賀県の状況も基本的には同じである。嘉田新知事の課題のひとつは、五期二〇年間続いた県庁出身知事の下で、行政機構に染み付いた「行政の論理」をどれだけ拭い去ることができるのか、ということである。知事と議会との蜜月時代も終わりを告げた。今後、新知事の下で滋賀県と議会がどれだけ変わるのか、という点は、このＲＤ産廃処分場問題にとっても大きな意味をもっている。この住民運動の過程では、行政による住民への不信、住民による行政への不信が絶えず問題となった。両者が互いの不信感を乗り越えて、破壊された地域の自然環境を復元させることができるのか、さらに言えば、この教訓を糧にして新しい地域社会を作り出せるのかが注目される。

4――メディアの問題

本書では、運動初期にメディアが果した役割、そのなかでもとくに新聞報道が果した役割について論じた。その後の新聞記者たちとの付き合いも含めて、つくづく思うのは、結局は人の問題だということである。新聞記者は担当を二～三年でかわる。事件が起きてからすでに七年が経つので、だいたい各社三人目の人達である。最初からかかわってくれているのは滋賀報知新聞のＩ記者ぐらいである。問題を良く知っている記者がいるのは、本当に心強い。第2章でふれたように「みんなでつくる滋賀新聞」の試みが失敗に終わったこともあり、こういう地域紙は本当に貴重である。

大手の新聞社は、記者の転勤に際しては後任記者に一応の引き継ぎをするのだろうが、いいかげんなもので、最初から説明しなければならない。こちらも、それにだいぶ慣れてきて、新来記者がいそうな時には、これまでの経緯を説明した資料をあらかじめ用意して持参するようになった。熱心に取材してくれるかどうか新聞で取り上げてくれるかどうか、それは記者の問題である。いつも熱心にメモを取る記者が良い記事を書くとは限らない。少しふてぶてしい態度でつまらなそうに聞いている記者が、こちらが言いたいことの核心をついた記事を出してくれることもある。これは学生のレポートと同じである。

第5章で述べたように、記者が事実そのものを構成し、運動の展開に影響を与える可能性は、たしかに存在している。その点にかかわって、一度だけだが、事件が起きたことがある。市の調査委員会は記者に公開されている。しかし、ある記者が委員会の終わったころにやってきて、どんな話が出たのかを委員に聞き出して記事を書いた。ところが、その内容は事実とはまるで違う。委員長として抗議すると、取材された委員と記者の間での言った、言わないの水掛け論である。いずれにしろ、記者の怠慢だろう。

一般の企業組織と違って、新聞社の記者にはかなり大きな裁量権がある。しかし、民主的な社会を作るために、それを生かすかどうかは、ひとりひとりの記者に委ねられている。良質なジャーナリストを育てるのは、民主主義社会に不可欠なことである。

5――住民運動とは

最後に、もう一度住民運動そのものに話を戻そう。

社会闘争において、「敵」を作り出し、それとの対決を強調することは内部の結束を高める機能を有することは良く知られている。それは、ファシズム日本が国民に対して「鬼畜米英」を唱えたことや左翼セクトが「悪徳資本家」を糾弾したのと同じやり方である。こうした手法は、権力の側も、また権力に対抗しようとする側も、利用することがままある。

そのとき、運動の内部で、相手との共感や相手に対する一定の理解を示し、事態打開の道を探ろうとする者、対立の殺伐とした風潮に異を唱える者にたいしては、容赦のない批判が待っている。

これは序章で述べた「ピクチャーパズル」の論理である。組織の構成員にはそれぞれの役割があり、部分は全体に全面的に拘束されている。全体の求める形に合わなければ排除される。私はそういう住民運動をするのはいやだった。

私は、地元Ｆ集落でリーダーの役割を頼まれた。しかし私がしたことは、ただ「ぐるぐる」の最初の歯車だったに過ぎない。唯一気をつけたのは、みんなの生活の全体性を奪わないことである。「今日は仕事が忙しい」「妻と旅行に行くので」「子供の迎えがあるので」「病院にいくので」等など。毎回の会議に、それぞれの理由で集まれない人が何人かでるのは仕方のないことだ。運動のなかでは、参加できないことが負担になるのではなく、参加したら楽しく感じられることをなるべく心掛けた。その意味で、親睦は運動の潤滑油である。

その場に集ったメンバーが、そのメンバーのもつ能力のなかで最大限やれることを追求した。われわれの運動を見つめ直して見ると、おかげさまで、機械やパソコンに詳しい人、昼間時間が取れる人、地域ネットワークの豊富な人、緻密に資料を整理する人、デザインの玄人、車の運転が上手で苦にならない人、活動に加わらない人の気持ちを常に気にかけてくれる人、その場にいてくれるだけで皆に安心と場の重みを与えてくれる人等など、そういう個性的な能力を持った人達がその時々、それぞれ勝手につながり組織としての活動のなかで美しく回ってくれた。

でもやっぱり、負担は負担だったと思う。

住民運動は、やりたい人間たちが集まって始めるものではない。運動などやりたくない人間たちが仕方なく取り組むものである。セミプロのような市民運動家がするものではなく、ふつうの生活者である住民がするものだとも思う。

環境破壊をくい止めよう、環境を復元しようという運動が、社会破壊をもたらし、社会を危機に陥らせるものであってはならない。敵を増やすのではなく仲間を増やすものでなければならない。なぜなら、傷ついた地域社会の復元は、それまで以上の地域社会の住民の力を導く運動でなければ、なしえないからである。

国家であっても市民社会の力で変わる。これは世界史のなかで「革命」が実証したことである。市民社会を大切にしないで制度を変えることができようか。そして、歴史を変えた「市民」は、日本社会において理想的概念として語られるような人たち、それを自認しているような市民運動家たちではなくて、普通の人たち＝生活者である住民、ではなかったのか、と私は思っている。

いやいやながらも民主的な社会を目指して活動する人々、彼らを「地道に努力する者」ではないと、誰が、なにゆえ言えるのだろうか(1)。

ドラマは生活者がつくる。

（1）Ｆ集落の組織「地域環境を守る特別委員会」のＨＰは下記である。http://www3.ocn.ne.jp/~kankyo99/index.htm

栗東ＲＤ問題の歴史

一九七九年一二月　佐野正氏、個人で最終処分業許可
一九八二年　七月　㈱佐野産業で安定型埋立（建設廃材）許可
（個人の廃止）
一九八六年　九月　栗東町議会　栗東町自然休養公園構想決定
一二月　中間処理　（焼却：木くず）許可
一九八九年　八月　㈱ＲＤエンジニアリングへ社名変更
一二月　廃棄物処理法改正に伴い、産業廃棄物処分業許可
安定型埋立：廃プラスチック類、ゴムくず、ガラスくず、陶磁器くず、建設廃材
破砕：ガラスくず、陶磁器くず、建設廃材
焼却：汚泥、廃油、廃プラスチック類、木くず、紙くず、繊維くず、動植物性残さ、
ゴムくず、建設廃材
一九九〇年一〇月　変更許可（焼却：金属くず、ガラスくず、陶磁器くず）
一九九一年　九月　変更許可（焼却：廃酸、廃アルカリ　乾燥：汚泥）
一九九三年　六月　特別管理産業廃棄物処分業許可
焼却：汚泥、廃油、廃酸、廃アルカリ、感染性廃棄物
一九九四年　九月　第二処分場設置許可
一九九五年頃　騒音・悪臭・煤煙被害多発
一九九八年　五月　最終処分業の廃止

六月　最終処分場に係る施設の改善命令
　　　特別管理産業廃棄物処分業更新許可
七月　最終処分場施設変更許可（埋立面積、埋立容量の増加）
　　　ガス化溶融炉設置許可、汚泥乾燥施設の設置許可
一九九九年春　環境センター建替え問題で市民グループ活動
一九九九年夏　RD社の処分場でガス化熔融炉建設されつつあることが発覚
九月　RD社、周辺自治会へ説明
一〇月　市民グループ「産廃処理を考える会」（以下、「考える会」）結成
　　　A集落で異臭
一一月　滋賀県、硫化水素一四三ppm確認
　　　滋賀県硫化水素問題調査委員会発足
　　　産廃処理問題合同対策委員会（以下、「合対」）発足
一二月　町役場にデモ行進
　　　知事現地視察　F自治会、都市計画法違反でRD社告発
二〇〇〇年　一月　「考える会」公害調停開始
　　　硫化水素一五、二〇〇ppm検出
　　　G集落、合同対策委員会脱会
二月　町民大集会（九〇〇名）
　　　第一回硫化水素問題説明会（県主催）
　　　「合対」、町議員へアンケート
三月　「合対」、署名活動開始

五月　区長連絡協議会、町長へ要望書提出
　第二回硫化水素問題説明会（県／町主催）
　滋賀県硫化水素問題調査委員会　硫化水素原因は石膏ボードと発表
六月　県へ署名提出（三六、七五三筆）
　厚生省へ陳情
七月　県議会「処分場の実態解明と有害物質除去など適正な処理」請願採択
　硫化水素二二、〇〇〇ppm検出
八月　栗東町環境調査委員会発足
九月　滋賀県硫化水素問題調査委員会　覆土案答申
一一月　元従業員の証言どおり違法トレー発見
一二月　RD社、書類送検（都市計画法違反）

二〇〇一年
一月　「考える会」公害調停打ち切り
二月　RD社、ガス化熔融炉解体発表
　「合対」が「RD問題の早期解決を行政とともに考える集会」開催
七月　県、住民説明会
九月　一カ月の業務停止命令
一〇月　栗東市誕生
　栗東市調査委員会、生活影響調査実施
　滋賀県対策案提案
一二月　栗東市調査委員会、一一種類の有害物質検出
　RD社、都市計画法違反で略式起訴

滋賀県、改善命令

二〇〇二年　二月　RD社、改善命令に不服審査申し立て

五月　強アルカリ水検出

七月　県、改善工事期限五カ月延長

八月　強アルカリ水原因調査開始

九月　A・F集落、合同対策委員会から脱会

一〇月　栗東市長選挙

一一月　強アルカリの原因はセメント系廃棄物と発表

水処理施設・沈砂池本体工事完了

二〇〇三年　一月　水処理施設完成

二月　市調査委員会、一九倍の水銀検出

四月　栗東市議会選挙

七月　栗東市調査委員会、第一回説明会開催

九月　栗東市調査委員会、三五、〇〇〇倍のビスフェノールA検出

「合対」、県の分析方法の不当性を指摘して住民監査請求

一一月　団地側後退工事の事前ガス調査

一〇月　F集落、早期解決を求める要望書提出

一二月　F集落、事前ガス調査の不当性を指摘して住民監査請求

栗東市、生活環境条例改正

団地側後退工事開始

県調査、総水銀四倍、ダイオキシン一四倍検出

二〇〇四年　二月　環境省、不服申し立て棄却
　　　　　　　　　知事現地視察
　　　　　三月　団地側後退工事完了
　　　　　七月　市調査委員会、四一、〇〇〇倍のビスフェノールA検出
　　　　　一一月　地下水汚染防止対策工事開始
二〇〇五年　三月　F集落、不適切な汚染地下水工事で住民監査請求
　　　　　四月　滋賀県、工期延長許可
　　　　　五月　F集落、埋め戻し違法として知事を刑事告発
　　　　　　　　A集落、早期工事完了を県へ要望
　　　　　六月　地下水汚染防止対策工事完了
　　　　　　　　（命令に基づくすべての是正工事終了）
　　　　　九月　県調査、鉛四・一倍検出
　　　　　　　　県調査、ドラム缶五本発見
　　　　　一〇月　市調査委員会、一三倍の総水銀検出
　　　　　一二月　「飲み水を守る会」県庁前集会
　　　　　　　　県調査、ドラム缶一〇〇本、一斗缶等六九本、廃材等発見
　　　　　　　　大津地検、知事を不起訴
二〇〇六年　一月　F集落、検察審査会へ申し立て
　　　　　三月　滋賀県・栗東市、RD問題連絡協議会設置
　　　　　　　　環境学会、滋賀県の調査方法について意見書発表
　　　　　　　　RD関連会社二社、民事再生法申請

四月　県、ドラム缶等処分、土壌・廃材撤去措置命令
六月　ＲＤ社破産
七月　滋賀県知事選挙
　　　滋賀県、最終処分場特別対策室設置
八月　Ｆ集落、岐阜県・大津市の団体と処分場内部視察
　　　栗東市調査委員会、第二回説明会
　　　環境省「専門家チーム」来県

あとがき

本書の元になったのは、すでに発表してきた以下の論文と資料である。ただし、どれも本書にまとめるにあたって、大幅な加筆修正を行ったので、本書はこれらとは別の作品と考えていただきたい。

「有機的連帯を超えて——産廃処分場をめぐる住民運動から学んだこと」 滋賀大学教育学部 環境教育湖沼実習センター第47回研究発表会資料、二〇〇二年。

「社会運動と新聞報道——栗東町産廃処分場問題を事例にして」 林茂樹編『情報化と社会心理』中央大学出版部、二〇〇二年。

「環境問題と社会科学」『集水域』センターニュース第30号、二〇〇二年一一月一〇日。

「ドラマとしての住民運動——住民運動の語り方と社会学者の役割」『日本都市社会学会年報22』二〇〇四年。

「政治社会の今を問う」 西原和久・宇都宮京子編『クリティークとしての社会学——現代を批判的に見る眼』東信堂、二〇〇四年。

「ジンメルと地域社会」 飯田哲也・早川洋行編『現代社会学のすすめ』学文社、二〇〇六年。

私は、この問題にかかわって以来、本書の構想をあたため続けて来た。しかし県による改善命令が出た後、状況はなかなか進展しなかった。問題解決の遅延は、ある程度は覚悟していたものの、私の予想以上に長引いて、一冊の本としてまとめるのに適当な時期の判断に躊躇する日々が続いた。

そうした中で、二〇〇六年六月にRD社が破産したこと、そして七月に行われた知事選挙において嘉田由紀子さんが当選したことは、私に執筆を踏み切らせる良い契機になった。

とはいえ、RD問題は解決したわけではない。莫大な廃棄物の山を前にして頭を抱える状況は何らかわっていない。環境問題は、今日では利害が対立するというよりも利害が並立する場合が多いのではなかろうか。環境の大切さは皆が認めている。しかし、その改善には時間と費用がかかる。そのなかで、どの選択肢を選ぶかという問題だと思う。

私は、今後も社会学者として、そして地域住民として、この問題にかかわることになるであろう。一日も早く、多くの住民の合意の下に処分場改善の目処が立つことを願うばかりである。

住民運動を経験したことは、社会学者として得難い財産になった。長期の在外研究を夢見て、持家をもつことをためらっていた私は、官舎の不自由さと海外暮らしの可能性の低さに見切りをつけ、ついに一九九六年、F集落＝栗東ニューハイツに家を買って引っ越して来た。

ここに決めたのは、市立図書館が近くにあるというのが主たる理由である。私は、それまでこの地に何の縁もゆかりもなかった。しかし、この地を選んだことは本当に幸運だったと今は思う。おかげで多くの友人たちに恵まれた。

これまでいっしょに活動してきた栗東ニューハイツの仲間たち、とくに次にお名前をあげさせていただく近隣の方々には、日頃の感謝も含めて深くお礼を申し上げる。

板垣仁将、小岩典子、志智俊夫、柴本真知子、末廣健三、當座洋子、豊田唯志、長谷川泰雄、平田宇一（五十音順）。

また、こうした廃棄物の不法投棄問題の専門家（ハーバーマスの分類で言えば知識人）である関口鉄夫氏には、折に触れ相談相手になってもらった。長野県に住む、彼の客観的なまなざしには、いつも大いに助けられたこと、そして彼のおかげで多くの素敵な人たちと出会えたことをここに記して感謝したい。

この本は、別の意味で私の夢でもあった。

本書の編集を担当してくれた新孝一氏は、私の大学時代の友人で、昔から互いを呼び捨てにする間柄である。大学時代、彼のアパートは私の下宿に近かったこともあり、酒を飲ませることを交換条件に、よく彼に得意な中国語を教わったものである。もっとも、お互いに酒は勉強と同じくらい好きなので、私の中国語はなかなか上達しなかったが……。

新氏は大学の居心地がよほど気に入ったのか、私より長居して卒業した後、社会評論社に入り編集者の道を一筋に歩んだ。私は、卒業後少し寄り道をして大学院へ進んだ。それ以来、私は、彼が働く姿を横目で見ながら仕事をしてきた。

いつの日か、彼に私が書いた本を出してもらうことは、私の胸に秘めた夢だった。この本は、私の三冊目の単著であるが、今回やっと念願をかなえることができた。

「売れないだろう」と言いながら、笑って出版を引き受けてくれただけでなく、草稿を読み、編集者として的確な注文をつけてくれた友に、心から感謝したい。そして、この本が、あの学生時代を共有したお互いの友人たちの目に、どこかで触れることを祈りたい。

序章で紹介した、仕事と地域と家庭は三本の椅子の足である、という言葉は名言だと思う。社会学者が住民運動に加わることは、仕事と地域の領域になる。そのぶん家庭にしわ寄せがあったのは事実である。

「お父さん、今夜は出かけるの？」よく聞いたセリフである。妻、昌子と三人の娘、類、文、蛍、に感謝する。あなたたちの協力のおかげでこの本を書き上げることができました。

皆さん、ありがとう。

二〇〇六年初秋　虫の音を聞きながら

早川洋行（はやかわ・ひろゆき）

1960年静岡県生まれ。滋賀大学教育学部教授。

横浜市立大学文理学部卒業。中央大学大学院文学研究科博士課程満期退学。

名古屋大学より博士（社会学）取得。

著書に『流言の社会学――形式社会学からの接近』（青弓社，2002年），『ジンメルの社会学理論――現代的解読の試み』（世界思想社，2003年），『第三版　応用社会学のすすめ』（共編，学文社，2003年），『現代社会学のすすめ』（共編，同，2006年）ほか。

ドラマとしての住民運動――社会学者がみた栗東産廃処分場問題

2007年2月25日　初版第1刷発行

著　者＊早川洋行
発行人＊松田健二
発行所＊株式会社 社会評論社
東京都文京区本郷2-3-10　tel.03-3814-3861/fax.03-3818-2808
http://www.shahyo.com/
印　刷＊㈱ミツワ
製　本＊東和製本

Printed in Japan

地域が主役だ！

●丹野清秋編

四六判★ 2000 円

〈地域〉をぬきに現代の政治・経済は語れない。開発と環境をめぐる住民運動、農業の再生と地域の自立、脱成長をめざす運動など現場からの問題提起。

清瀬異聞

土地とごみ袋とムラ社会

●布施哲也

四六判★ 2000 円

人口７万人の地方自治体は昔も今も江戸期より先祖代々「本村」に住む人たちが牛耳る閉鎖社会。ごみ袋騒動、市長選挙の顛末記などをとおして、ムラ社会の実態を痛烈に描く。推薦・佐高信

市民社会とアソシエーション

構想と実験

●村上俊介・石塚正英・篠原敏昭編著

A5 判★ 3200 円

グローバル化は国民国家の制御統制能力を空洞化させ、生産・生活領域の国家と資本による支配への反抗が芽生えている。現状突破の構想としてのアソシエーションの可能性を探る。

脱国家の政治学

市民的公共性と自治連邦制の構想

●白川真澄

四六判★ 2400 円

国家による公共性や決定権独占にたいして、地域住民による自己決定権の行使が鋭く対立し、争っている。地域から国家の力を相対化していくための道筋はいかにして可能か。

環境革命の世紀へ

ゼロ成長社会への転換

●荒岱介

四六判★ 1800 円

大量生産・大量消費・大量廃棄にゆきついた 20 世紀の社会システムは、もはや臨界点に達した。生産力思想をこえて、経済成長を価値としないゼロ成長の社会――「定常状態の社会」をめざす。

緑の希望

政治的エコロジーの構想

●アラン・リピエッツ

四六判★ 2400 円

レギュラシオン学派の旗手たる著者が、政治的エコロジーの原理や経済政策、国際関係についての見方、他の政治勢力との相違を包括的に論じた。フランス緑の党の改革プラン。若森章孝・若森文子訳

[増補改訂版] 語りつぐ田中正造

先駆のエコロジスト

●田村紀雄・志村章子編

四六判★ 2200 円

環境・人権・自治・無戦主義。足尾鉱毒に身を挺してたたかった正造翁はエコロジーの先駆者だ。宮本研、無着成恭、宇井純、由井正臣、西野辰吉、竹内敏晴ほか諸氏が語りおろす、正造への熱い思い。

川俣事件

足尾鉱毒をめぐる渡良瀬沿岸誌

●田村紀雄

四六判★ 2300 円

足尾鉱毒問題は、日本の民衆が近代化のなかで直面した、最も長いたたかいだった。1900 年に起こった川俣事件から、日露戦争をめぐる政治の策謀を見ることができる。川俣事件 100 周年記念出版。

表示価格は税抜きです。